ISBN-13: 978-1515192862

ISBN-10: 1515192865

Prevención de Riesgos Laborales y ambientales en carpintería

Miguel D'Addario

Primera edición

2015

CE

Índice

Prevención de Riesgos Laborales. Riesgos Laborales específicos en las funciones del carpintero, medidas de protección individuales y colectivas. / 11 a 48
Autoevaluación / 49
Solucionario / 55

Protección medioambiental. Nociones básicas sobre contaminación ambiental. Los principales riesgos medioambientales relacionados a las funciones de la carpintería.
/ 57 a 131
Autoevaluación / 133
Solucionario / 139

ANEXO: Persianas. Tipos. Funcionamiento. Reparación.
/ 141 a 173
Autoevaluación / 175
Solucionario / 179

Prevención de Riesgos Laborales. Riesgos Laborales específicos en las funciones del carpintero, medidas de protección individuales y colectivas.

Bibliografía

Ley 31/1995 de Prevención de Riesgos Laborales. Artículo 4. Ministerio de Trabajo y Asuntos Sociales

Manual de prevención de Riesgos Laborales y de higiene laboral. Ministerio de Trabajo y Asuntos Sociales

Cuadro de enfermedades profesionales Instituto Nacional de Seguridad e Higiene en el Trabajo

Ley 31/1995 de Prevención de Riesgos Laborales

Confederación de Empresarios de Aragón (CREA), Guía de las buenas prácticas. Prevención de Riesgos Laborales.

"Gestión Integral de Prevención, calidad y medio ambiente", CADMO Conocimiento (Confederación Empresarial de Madrid -CEIM).

Asociación Española de Normalización y Certificación (AENOR)

Sistemas de gestión de la seguridad y salud en el trabajo. Especificación técnica OHSAS 18001:1999 (AENOR)

La norma UNE 81900:1996 EX (CEPYME Aragón)

Barnnet R. (2001). "Género, Estrés en el Trabajo y Enfermedades", OIT, Ginebra.

Levi, L. (2001). "Factores Psicosociales, Estrés y Salud", OIT, Ginebra.

McVittie D. (2001). "Factores de Organización que Afectan a la Salud y la Seguridad", OIT, Ginebra.

MIC (2002). "The Policy Evaluation System of the Government of Japan". Consultado en marzo de 2006 en:

http://www.soumu.go.jp/english/kansatu/evaluation/evaluation_02.html.

Monk T. (2001). "La Jornada de Trabajo", OIT, Ginebra.

Shiron A. (2001). Resultados de Comportamiento", OIT, Ginebra

Tajgman and Jan de Veen (1999). "Employment-Intensive Infrastructure Programmes", ILO, Ginebra.

US Deparment of Commerce (2005). "State Annual Personal Income". Consultado en marzo de 2006 en:http://www.commerce.gov.

Weeks J. (2001). Riesgos de Salud y Seguridad en el Sector de la Construcción", OIT, Ginebra.

Prevención de Riesgos Laborales

A. Concepto y Definiciones

En el artículo 4 de la Ley 31/1995 de Prevención de Riesgos Laborales aparecen una serie de definiciones que sirven de base y principio para cualquier análisis o estudio sobre la materia. A continuación, vamos a señalarlas, indicando entre comillas el texto literal de la Ley:

• Prevención: se entiende como tal "el conjunto de actividades o medidas adoptadas o previstas en todas las fases de actividad de la empresa con el fin de evitar o disminuir los riesgos derivados del trabajo".

• Riesgo laboral: se define como "la posibilidad de que un trabajador sufra un determinado daño derivado del trabajo. Para calificar un riesgo desde el punto de vista de su gravedad, se valorarán conjuntamente la probabilidad de que se produzca el daño y la severidad del mismo".

• Daños derivados del trabajo son "las enfermedades, patologías o lesiones sufridas con motivo u ocasión del trabajo."

• Riesgo laboral grave e inminente: es "aquel que resulte probable racionalmente que se materialice en un futuro inmediato y pueda suponer un daño grave para la salud de los trabajadores".

• "Se entenderán como procesos, actividades, operaciones, equipos o productos "potencialmente peligrosos" aquellos que, en ausencia de medidas preventivas específicas, originen riesgos para la seguridad y la salud de los trabajadores que los desarrollan o utilizan".

• Equipo de trabajo: es "cualquier máquina, aparato, instrumento o instalación utilizada en el trabajo".

• Condición de trabajo: se entiende como tal "cualquier característica del mismo que pueda tener una influencia significativa en la generación de riesgos para la seguridad y la salud del trabajador".

• Equipo de protección individual: es "cualquier equipo destinado a ser llevado o sujetado por el trabajador para que le proteja de uno o varios riesgos que puedan amenazar su seguridad o su salud en el trabajo, así como cualquier complemento o accesorio destinado a tal fin".

La prevención es una actitud, normalmente ha de estar recogida dentro del Manual de Prevención de Riesgos Laborales de la empresa a la que pertenece el trabajador, e implica cuestiones de sentido común como llevar casco en determinadas zonas de la obra o llevar un determinado arnés de protección contra caídas en altura.

Los riesgos laborales son múltiples, y dependen de la actividad que realice el trabajador. En el ejemplo propuesto, los riesgos van desde posibles caídas o golpes accidentales, como cortes, heridas provocadas por las herramientas de trabajo, etc. Todos estos riesgos han de estar definidos y señalados en el ya mencionado Manual de Prevención de Riesgos Laborales de la empresa. Este manual respondería al Plan de Prevención de Riesgos Laborales que la ley obligó tener al empresario, y uno de los requisitos previos para la elaboración del mismo es la evaluación de riesgos laborales.

Los daños derivados del trabajo serían los efectos derivados de dichos riesgos, como las heridas, lesiones óseas, etc. derivadas de posibles caídas, golpes, etc. en el transcurso. Un riesgo laboral grave e inminente se da, normalmente, en situaciones de riesgo elevado, como la utilización de determinadas herramientas de corte que, incluso con las precauciones pertinentes, son muy peligrosas. El hecho de que el obrero trabaje sobre vigas sin el cinturón y el arnés de protección, así como el casco, es una actividad potencialmente peligrosa.

El equipo de trabajo se corresponde con las herramientas de trabajo, las máquinas que utiliza así como el uniforme, casco, etc. Dentro de las condiciones de trabajo pueden estar las condiciones climatológicas, ya que en temperaturas de extremo calor o extremo frío el obrero, que trabaja normalmente en el exterior, puede ver su salud afectada de forma significativa. También se consideraría la situación contractual del trabajador, ya que si no tiene regulada su situación y le falta información y formación en Riesgos Laborales, es más probable que sufra accidentes y que asuma situaciones potencialmente más peligrosas para mantenerse en su puesto de trabajo.

El equipo de protección individual estaría compuesto por el casco, el mono, los guantes, el cinturón y el arnés de seguridad, las botas de trabajo, etc.

Además, es importante definir también el concepto de accidente de trabajo. Se define como los daños o lesiones que sufre el trabajador por cuenta ajena mientras cumple con sus obligaciones contractuales, tanto dentro de su lugar de trabajo, como mientras realiza alguna misión que le ha sido encomendada. A esta definición general, se le añaden otros supuestos que también han de considerarse como accidentes de trabajo. Los principales son:

• "Accidente in itinere": aquel que se produce mientras el trabajador se desplaza de su lugar de residencia al de trabajo, o viceversa.

• Aquellos accidentes que ocurran mientras el trabajador realiza tareas que se le han encomendado aunque no estén dentro de sus obligaciones contractuales.

• Enfermedades contraídas o agravadas, con motivo de la realización de su trabajo, y que no estén incluidas dentro de la lista de enfermedades profesionales.

Asimismo, también se pueden considerar accidente de trabajo aquellos debido a "culpa civil o criminal del empresario, de un compañero de trabajo o de un tercero" si están relacionados con el trabajo.

Por otro lado, no se consideran accidente de trabajo aquellos daños producidos como consecuencia de los siguientes supuestos:

• Fuerza mayor (inclemencias climatológicas, desastres naturales, etc.).

• Imprudencia temeraria del trabajador.

En la página del Instituto Nacional de Seguridad e Higiene en el Trabajo (organismo científico-técnico de la Administración General del Estado) se encuentran disponibles un amplio listado de guías técnicas, de evaluación de riesgos por actividad, y orientativas para la selección y utilización de Equipos de

Protección Individual (EPI), entre otras guías. En estas guías se explican de forma orientativa, y no vinculante, la normativa y los reglamentos derivados de la Ley de Prevención de Riesgos Laborales.

B. Ventajas y Repercusiones económicas de la implantación de un Sistema de Prevención de Riesgos laborales:

• Asegura el cumplimiento por parte de la empresa de la legislación aplicable en lo referente a prevención de riesgos laborales.

• Reduce el número de accidentes de trabajo.

• Reduce así mismo las enfermedades laborales.

• Las bajas por enfermedad disminuyen.

• Maximiza la gestión de recursos humanos.

• Genera aumento de productividad para la empresa que lo aplica.

• Favorece las relaciones entre el personal laboral y de este con la propia empresa.

• De igual forma, las relaciones con las Administraciones Públicas y con el resto de la sociedad, se ven favorecidas mediante un Sistema de Prevención de Riesgos laborales.

-Aspectos Económicos: El no establecer un Sistema de Gestión de la prevención de Riesgos Laborales lleva consigo una serie de costes para la empresa. Estos costes tanto humanos como materiales son:

-Costes humanos: Falta de motivación de los trabajadores, daños físicos y psicológicos.

-Costes ocultos: Pérdida de cuota de mercado o la imagen de la empresa, incidencias sobre la producción, desgaste psicológico de los trabajadores y personal con mayor responsabilidad dentro de la empresa.

-Costes sociales: Petición de la sociedad de protección frente a los posibles riesgos laborales, inestabilidad del clima laboral.

-Costes económicos: El trabajador pierde jornadas laborales y ve disminuido su poder adquisitivo debido a la baja, se producen daños materiales en equipos e instalaciones, surge absentismo laboral, la empresa incumple la legislación vigente en prevención de riesgos laborales con lo que recibe sanciones administrativas y de responsabilidad civil o penal, disminuye su productividad, y por último las compañías aseguradoras aumentan en gran cuantía las primas de seguros.

Por tanto, la Gestión de la Prevención de Riesgos Laborales además de tener un significado ético y legal para la empresa, posee un gran sentido económico ya que la ausencia de un Sistema de prevención lleva inherentes unos altos costes materiales y financieros.

Un Sistema de Prevención dota a la empresa de una mayor ventaja competitiva en el mercado y mejora su imagen frente al consumidor, además, su productividad se incrementa gracias al mejor aprovechamiento de su capital tanto humano como material.

C. Factores de Riesgo

Para poder llevar a cabo un plan de prevención de riesgos es necesario partir de la identificación de cuáles son esos riesgos de la actividad laboral. Evidentemente éstos dependerán de la naturaleza de la empresa y la actividad a la que se dedique, de sus centros de trabajo y el proceso de producción que tenga. Reconocer las situaciones de riesgo es fundamental para desarrollar acciones preventivas eficaces.

Según International Training Centre, factor de riesgo es el elemento o conjunto de elementos que, estando presentes en las condiciones de trabajo, pueden desencadenar una disminución en la salud del trabajador.

Según su origen, los factores de riesgo se pueden clasificar en 5 grupos:

• Condiciones de seguridad: aspectos materiales del trabajo que pueden dar lugar a accidentes como maquinaria, equipos y el propio lugar de trabajo

• Medio ambiente físico de trabajo: radicaciones, ruidos, ventilación, humedad.

• Contaminantes químicos y biológicos: aerosoles, vapores, virus, polen.

• Carga de trabajo, ya sea física (cargas pesadas, estáticas o en movimiento) o psíquicas (responsabilidades, monotonía,...)

• Organización del trabajo, derivados de la organización del trabajo: jornadas, relaciones personales, estilo de mando.

Normalmente no se tiene sólo un factor de riesgo sino que conviven varios al mismo tiempo y para poder realizar un estudio de estos factores no se puede llevar a cabo por un único profesional. Las disciplinas o técnicas específicas de la prevención de riesgos laborales en las que existen especialistas y en las que normalmente se agrupan estos riesgos son:

• Seguridad Laboral

Su función es evitar los accidentes de trabajo que aparecen por las malas condiciones de seguridad en el trabajo. Prevenir los factores de riesgo (mediante la creación de medidas, normas y señales) y buscar el origen del accidente son sus dos funciones fundamentales.

• Higiene Industrial

Se desarrolla en el medio ambiente físico, en el lugar de trabajo, evitando los contaminantes que pueden afectar a la salud de los trabajadores. Es una disciplina de prevención de exposición a contaminantes biológicos y químicos.

• Ergonomía y Psicosociología aplicada

La Psicosociología actúa sobre los factores psíquicos y sociales y la Ergonomía trata de evitar los efectos negativos en la salud por las malas condiciones de trabajo. Su función es conseguir un trabajo más seguro y eficaz adaptando el trabajo a las condiciones fisiológicas y psicológicas de las personas. Aquí entra desde la disposición de la luz hasta las relaciones entre compañeros.

• Medicina del Trabajo

Es una especialidad médica enfocada a patologías derivadas directamente del entorno laboral. Tiene tanto una función curativa como una función preventiva o protectora. También se encarga de adaptar el trabajo al hombre y de mejorar las condiciones de trabajo.

D. Evaluación y Análisis de Riesgos

Según el Artículo 16 de la Ley de Prevención de Riesgos Laborales, es una obligación legal para el empresario el realizar una Evaluación de los Riesgos Laborales en su empresa. Según la ley, todo empresario debe:

• Planificar la acción preventiva a partir de una evaluación inicial de los factores de riesgo.

• Evaluar los riesgos a la hora de elegir los equipos de trabajo, sustancias o preparados químicos y del acondicionamiento de los lugares de trabajo

Esta obligación ha sido desarrollada en el capítulo II, artículos 3 al 7 del Real Decreto 39/1997, Reglamento de los Servicios de Prevención.

Por lo tanto, toda prevención de riesgos laborales se basa en la identificación, análisis y evaluación de factores de riesgo, y sobre esta base, llevar a cabo medidas necesarias para controlarlos.

Esta evaluación se debe hacer en todos y cada uno de los puestos de trabajo y ha de ser completamente independiente y objetiva.

En función de los resultados de este análisis, se estudiará la necesidad de adoptar medidas preventivas en el origen, de organización, de protección colectiva o individual y de formación e información a los trabajadores.

Las evaluaciones deberán revisarse periódicamente con una periodicidad acordada entre empresa y trabajadores y ha de quedar bien documentada para cada puesto de trabajo. Hay que recordar que la evaluación es un proceso dinámico y se deberá revisarse cuando así se requiera:

• Cuando se detecten daños a la salud de los trabajadores

• Cuando las actividades de prevención implantadas hayan sido inadecuadas o insuficientes

• Cuando haya habido cambios en las condiciones de trabajo, en el puesto de trabajo, un cambio de sede.

• Cuando haya nuevas incorporaciones de personal, de maquinaria, de sustancias químicas o materia prima, introducción de nuevas tecnologías.

La evaluación puede realizarla el propio empresario, un departamento interno de la empresa especializado (específicamente los delegados de prevención), o se puede recurrir a una empresa externa si se necesitan mediciones y controles específicos o conocimientos especializados. La elección dependerá de la naturaleza y de la actividad de la empresa.

Cómo se hace: Existen varios tipos de evaluaciones atendiendo a las normas a las que se ajustan. Las evaluaciones de riesgos se pueden agrupar en cuatro grandes bloques:

• Evaluación de riesgos ajustados a los criterios de la legislación específica.

• Evaluación de riesgos para los que no existe legislación específica pero que están establecidas en normas internacionales, europeas, nacionales (Normas ISO-UNE) o en guías de Organismos Oficiales u otras entidades de reconocido prestigio (Institutos, Ministerios, Comunidades Autónomas).

• Evaluación de riesgos que precisa métodos especializados de análisis, especialmente cuando se trata de ámbitos de alto riesgo (incendios, explosiones y accidentes graves).

• Evaluación general de riesgos, que engloba cualquier riesgo no contemplado anteriormente.

Un proceso general de evaluación de riesgos (el último de los casos anteriores) se compone de las siguientes etapas:

• Clasificación exhaustiva de las actividades de trabajo, incluyendo información sobre trabajadores expuestos

• Análisis de riesgos:

-Identificación de peligros: instalaciones, maquinaria, herramientas, distancias, materiales utilizados.

-Estimación del riesgo.

-Severidad del daño.

-Probabilidad de que ocurra.

• Valoración de riesgos: decidir si los riesgos son tolerables y determinar la urgencia de acciones preventivas

• Preparar un plan de control de riesgos. Planificar las medidas de control

• Revisar el plan. Comprobar la efectividad de las medidas adoptadas, ver si existen efectos secundarios, la opinión de los trabajadores, y decidir una periodicidad para su revisión

• Dejar constancia de la evaluación. Darles un formato de acuerdo a unos modelos determinados.

Tabla ilustrativa del Ministerio de Trabajo que se utiliza para decidir la tolerancia y urgencia de acciones preventivas

TIPOS DE RIESGOS Y ACCIÓN Y DISTRIBUCIÓN A TOMAR

Trivial

No se requiere acción específica

Tolerable

No se necesita mejorar la acción preventiva. Sin embargo se deben considerar soluciones más rentables o mejoras que no supongan una carga económica importante. Se requieren comprobaciones periódicas para asegurar que se mantiene la eficacia de las medidas de control.

Moderado

Se deben hacer esfuerzos para reducir el riesgo, determinando las inversiones precisas. Las medidas para reducir el riesgo deben implantarse en un período determinado.

Cuando el riesgo moderado está asociado con consecuencias extremadamente dañinas, se precisará una acción posterior para establecer, con más precisión, la probabilidad de daño como base para determinar la necesidad de mejora de las medidas de control

Importante

No debe comenzarse el trabajo hasta que se haya reducido el riesgo. Puede que se precisen recursos considerables para controlar el riesgo. Cuando el riesgo corresponda a un trabajo que se está realizando, debe remediarse el problema en un tiempo inferior al de los riesgos moderados.

Intolerable
No debe comenzar ni continuar el trabajo hasta que se reduzca el riesgo. Si no es posible reducir el riesgo, incluso con recursos ilimitados, debe prohibirse el trabajo.

Riesgos Laborales específicos en las funciones del carpintero

Condiciones y requisitos de trabajo de un carpintero
En trabajos pequeños, un carpintero puede trabajar solo o con un ayudante. En trabajos grandes, los carpinteros trabajan generalmente juntos como equipo bajo dirección de un supervisor. Los carpinteros trabajan dentro o al aire libre, dependiendo del tipo de trabajo que estén haciendo. Los que trabajan al aire libre pueden trabajar en todos los tipos de clima tanto en condiciones ruidosas, como en condiciones sucias en el lugar de trabajo. Pueden ser expuestos a lesiones de las máquinas y las herramientas y a caídas cuando trabajan en las alturas. Los hábitos seguros de trabajo y vestimenta apropiada reducen los riesgos de accidentes.

Las condiciones atmosféricas pobres pueden significar horas perdidas para los carpinteros que trabajan al aire libre. Los carpinteros que hacen mantenimiento o alteraciones de interiores tienden a trabajar un horario más regular. Se espera que los carpinteros provean las herramientas de mano tales como centímetros, martillos, sierras, y cintas métricas. Un set de herramientas de carpintería, es costoso, pueden a veces ser pagados a través de pago directos por deducciones de nómina. El equipo de la energía y los dispositivos especiales son equipados generalmente por la empresa. Los carpinteros se proporcionan generalmente sus propias ropas de trabajo, y pueden tener que comprar su propio equipo de seguridad.

Tabla1. Riesgos primarios por oficio en la construcción (Weeks, 2001).

Oficio	Riesgo
Albañiles	Dermatitis del cemento, posturas inadecuadas, cargas pesadas.
Soldadores	Vapores de las pastas de adherencia, metales pesados de los humos de la soldadura, dermatitis, posturas inadecuadas.
Carpinteros	Aserrín, cargas pesadas, movimientos repetitivos.
Colocadores de tabla roca	Polvo de yeso, posturas inadecuadas.
Electricistas	Posturas inadecuadas, cargas pesadas, polvo de amianto.
Pintores	Emanaciones de disolventes, metales tóxicos de los pigmentos, aditivos de las pinturas.
Plomeros	Emanaciones y partículas de plomo, humos de la soldadura, polvo de amianto.
Pulidores	Posturas inadecuadas.
Colocadores de aislamientos	Amianto, fibras sintéticas, posturas inadecuadas.
Montadores de estructuras metálicas	Posturas inadecuadas, cargas pesadas, trabajo en altura.
Barreneros en roca	Polvo de sílice, vibraciones en todo el cuerpo, ruido.
Operadores de grúa	Fatiga, aislamiento.
Operadores de camiones y maquinaria	Polvo, vibraciones, calor, ruido.
Trabajadores de construcción de carreteras	Emanaciones asfálticas, calor, humo de motores de gasóleo.
Trabajadores de demoliciones	Polvo, amianto, plomo, ruido.

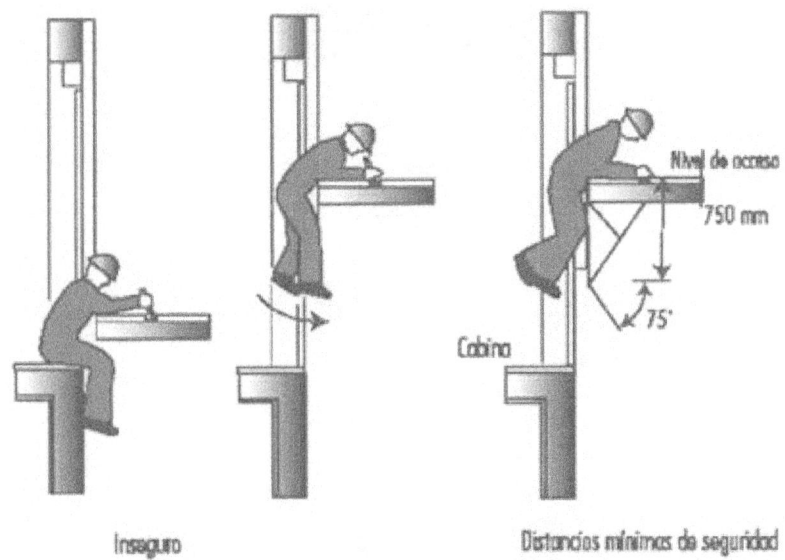

Inseguro

Distancias mínimas de seguridad

Equipos de protección

Gafas de protección ocular: Todas ellas pueden utilizarse como protección frente a impactos y radiación, aserrín y elementos punzantes.

Mascarillas descartables: Trabajo de rectificado, pulido, barrido, embolsado u otros trabajos en los que se producen partículas libres de aceite, y en los cuales se produce polvo.

Protectores auditivos: Contra ruidos de máquinas de carpintería, o sectores de trabajo de alto decibeles.

Máscaras protectoras: Contra sustancias tóxicas y polvo de madera.

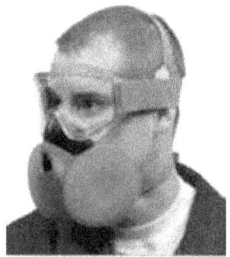

Cascos: Contra golpes en la cabeza. Caída de elementos desde mayores alturas.

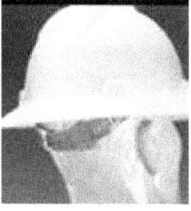

Guantes: Contra astillas de la madera, cortes y elementos corrosivos.

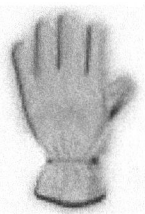

Calzado de protección: Contra golpes imprevistos, caídas de elementos en los pies, líquidos corrosivos.

Arneses de seguridad: Contra posibles caídas al trabajo en altura.

Los trabajadores que realicen su actividad como carpinteros deben ser profesionales que, con la preparación necesaria, conozcan adecuadamente su especialidad, siendo esta circunstancia fundamental para la correcta realización de sus tareas. Y ese conocimiento profesional constituye la base para lograr un trabajo de calidad que realizarán en las adecuadas condiciones de seguridad.

En los talleres de los carpinteros, los empleados trabajarán en condiciones en máquinas similares a las de fábricas de construcciones mecánicas.

Cualquiera que sea el punto de trabajo, son necesarias unas condiciones seguras y saludables para todos los que trabajen en él, siendo necesario para ello la existencia no sólo de elementos seguros en la propia realización del trabajo sino de otros que afecten a lo que es la planificación de la seguridad en la empresa, tales como los elementos personales que al efecto sean necesarios, tanto si están o no legalmente previstos.

Un resultado idóneo puede darse sólo si tenemos presentes diversos y variados aspectos, que concurren en estas actividades y que obviamente son comunes a todo tipo de carpintería tales como:

- Aprovisionamiento de materiales y uso de las instalaciones de una manera ordenada.
- Coordinación de los trabajos.
- Formación idónea de los trabajadores especializados en carpintería.

Accidentes de trabajo: Las lesiones por accidente son el mayor riesgo para la salud en este sector, obligando a tener unos servicios que actúen de forma correcta sobre el evento, tanto a priori como a posteriori.

Causas de accidentes

Caídas

- A un mismo nivel
- A distinto nivel
- Caídas por huecos
- Caídas desde escaleras, escaleras de mano y pasarelas

Caídas De Objetos

- Sobre los pies
- Sobre otras partes del cuerpo.

Equipos de Trabajo

- Herramientas

Maquinas

- Máquinas de elevación

Quemaduras por contacto con fluidos corrosivos y fuego

- Emisión de gases
- Lesiones en los ojos causados por cuerpos extraños y aserrín

Manejo manual de cargas

- Trabajo en posición forzada
- Golpes con objetos
- Ruidos

Polvos y riesgos químicos

- Incidencia en las lesiones
- Según la zona del cuerpo afectada
- Ojos. Manos. Piernas. Pies. Cara. Tronco. Lesiones en la cabeza

Según las consecuencias

- Esguinces. Torceduras. Quemaduras. Escaldaduras. Ahogos
- Intoxicación

Enfermedades profesionales

- Conjuntivitis y queratitis por radiación
- Sordera profesional
- Distrofia por vibraciones
- Irritaciones agudas de pulmón
- Narcosis aguda por exposiciones a disolventes
- Asbestosis
- Siderosis
- Dermatitis o erupciones
- Cataratas

Medidas preventivas

Debemos entender por medidas preventivas, a este respecto, todas aquellas acciones que se organizan en el seno de la empresa con el objetivo último de poder eliminar los accidentes, o, en su caso, todas aquella situaciones peligrosas o de riesgo que eventualmente puedan serlo.

Así podemos distinguir por un lado, y dentro de este mismo apartado, toda la organización que se establezca para que la prevención sea posible, y como mínimo será la prevista legalmente. Esta planificación junto con sus medios humanos, materiales y técnicos serán de por si la base de cualquier acción en este campo. Sobre ello haremos incidencia posteriormente.

Otras medidas a adoptar son las concretas para eliminar el riesgo, debiendo obedecer al esquema:

- *Protección Colectiva: Directa o Indirecta*
- *Protección Individual: Equipos de Protección Personal.*
- *Otras varias: Formación, información, selección.*
- *Evaluación de riesgos.*

Para que la protección sea eficaz, los trabajadores deberán ser instruidos en el uso de los equipos que deben acoplarse perfectamente a su cuerpo, y asimismo ha de ser revisado y mantenido en buen estado.

Además, si otras personas que están en la proximidad pueden estar expuestas al riesgo, deben ser protegidas también; o si su presencia no es indispensable se debe impedir su acceso a la zona.

Dentro de este elenco se ha considerado siempre como esencial la adopción de aquéllas que hagan desaparecer el riesgo de manera directa, como accesorias o secundarias otras que simplemente no lo eliminan sino que lo neutralizan parcialmente o en su caso protegen los órganos afectados.

Los trabajadores de la madera están expuestos a gran diversidad de riesgos de carácter químico, físico, biológico y social; y sin embargo la es una de las industrias en donde se tiene poca consideración sobre la seguridad.

Un trabajador aun cuando realice una única tarea que lleve implícita algunos riesgos primarios, está generalmente, expuesto en forma pasiva a gran variedad de riesgos contenidos en su entorno cercano.

Para lograr una mayor seguridad en la carpintería, es importante evaluar los riesgos contenidos en cada tarea y esforzarse en controlar la concentración de la exposición, mediante cambios tecnológicos, control del ambiente de trabajo y suministro de equipos de protección individual.

Medidas de protección individuales y colectivas

A. Normalización

La implantación de un Sistema de Gestión de la seguridad y salud en el trabajo, supone una contribución a la mejora en cuanto a condición y factores que afectan al bienestar del entorno físico de una empresa.

Este Sistema y cómo implantarlo viene recogido en dos normas, las cuales presentan semejanzas con las normas ISO 9000 e ISO 14001. Estas normas son:

-UNE 81900

-OHSAS 18001

La norma UNE fue publicada por la Asociación Española de Normalización y Certificación (AENOR) un año después de la aprobación de la Ley de Prevención de Riesgos Laborales.

Esta norma muestra todas las pautas e información necesaria para implantar un Sistema de Gestión en Prevención de Riesgos Laborales, es decir, a partir de una evaluación de riesgos, ofrece una planificación definiendo previamente unos objetivos y metas, y además ofrece la documentación metodológica necesaria para garantizar la prevención de los riesgos encontrados en todas las actividades de la organización.

La Norma UNE se caracteriza por:

• Muestra un Sistema de Gestión en Prevención de Riesgos Laborales equilibrado y sencillo, de fácil adaptación a cualquier empresa.

• Posee un carácter imperativo, no son sugerencias o recomendaciones, ya que se audita en base a ella.

• Permite la certificación de modelos integrados debido a las semejanzas con las Normas de calidad ISO 9001 y las de medio ambiente 14001.

El desarrollo y evolución de la Norma comprende:

• UNE 81900:1996 EX: Prevención de Riesgos Laborales. Reglas generales para la implantación de un SGPRL (AENOR, 1996a).

• UNE 81901:1996 EX: Prevención de Riesgos Laborales. Reglas generales para la evaluación de los SGPRL. Proceso de auditoría. /AENOR, 1996b).

• UNE 81902:1996 EX: Prevención de Riesgos Laborales. Vocabulario (AENOR, 1996c).

• UNE 81905:1997 EX: Prevención de Riesgos Laborales. Guía para la implantación de un SGPRL (AENOR, 1997c).

La especificación Técnica OHSAS 18001 establece las condiciones que ha de cumplir un Sistema de Gestión de Seguridad y salud en el trabajo para reorientar a las organizaciones y garantizar la seguridad y salud de los trabajadores así como la optimización del resto de su sistema.

La organización que implanta un Sistema de Gestión de seguridad y salud laboral mediante la Norma OHSAS 18001 tiene la garantía de que:

• Cumple con la legislación vigente en materia de Prevención.

• Establece un proceso continuo de mejora de su Sistema de Gestión de la seguridad y salud en el trabajo.

• Determina y mantiene una capacidad de respuesta ante imprevistos.

• Facilita la asignación de los recursos en la organización.

• Busca la mejora continua de la organización mediante la evaluación de los resultados respecto a los objetivos y política anteriormente establecida.

• Revisa y audita el Sistema.

Las especificaciones técnicas OHSAS en materia de prevención son:

-OHSAS 18001: 1999: Establece los requisitos que debe cumplir un Sistema de Gestión de seguridad y salud en el trabajo.

-OHSAS 18002: 2000: Profundiza en la Especificación técnica OHSAS 18001, su objetivo es facilitar la comprensión del contenido de la misma.

La relación de la normativa de Prevención de Riesgos Laborales con las normas de gestión medioambiental, es muy alta y va más allá de sus posibles semejanzas de estructura o planteamientos. Hemos de tener presente que un riesgo laboral se convierte o puede convertirse en un impacto medioambiental dentro de la organización.

B. *Implantación de un programa de Prevención*

Una vez que hemos recopilado toda la información, evaluado y analizado la situación de nuestra empresa, debemos reflejar en un documento las actividades y políticas preventivas y organizativas que llevaremos a cabo para la prevención de riesgos y para mejorar la seguridad. A este documento y a esta actividad se denomina Plan de Prevención. Este plan es completamente individualizado para cada empresa.

Para alcanzar una política de prevención de riesgos eficaz debemos:

• Establecer objetivos concretos y a los responsables de su consecución.

• Implantar métodos y procedimientos para alcanzar los resultados previstos.

• Validar las acciones en función de sus resultados y de si cumplen y mejoran la calidad y el control de los riesgos.

En resumen, se debe concretar el qué, quién, cómo y cuándo, y documentarlos para poder evaluarlos después.

El Plan de Prevención se compone de los siguientes apartados:

• Evaluación de Riesgos: recopilación de información y diagnóstico de la situación.

• Definición de los objetivos, teniendo en cuenta todos y cada uno de los puestos de trabajo (y trabajadores) y los factores de riesgo que los rodean.

• Establecimiento de recursos materiales, económicos y humanos.

• Asignación de tareas, funciones y responsabilidades.

• Detalle de acciones y actuaciones a llevar a cabo: información, formación, simulacros de emergencias, revisiones médicas, registro de incidentes.

• Seguimiento, revisión y actualización del plan.

Es muy importante que el Plan de Prevención se revise periódicamente, en función de las características y naturaleza de la empresa y de los cambios que hayan acontecido en ella. Recordemos que el Plan de Prevención está íntimamente ligado a la Evaluación de Riesgos, que es un procedimiento dinámico y periódico.

Esquema de integración para la implantación y desarrollo de la prevención de riesgos laborales

ESQUEMA DE GESTIÓN PREVENTIVA

DIAGNÓSTICO INICIAL

FASE INICIAL O PREVIA

PLAN DE PREVENCIÓN DE LA EMPRESA

POLÍTICA PREVENTIVA Y OBJETIVOS

ORGANIZACIÓN
Modalidad
Nombramiento de responsables
Definición de funciones
Determinación de recursos
Capacitación

PARTICIPACIÓN Y CONSULTA

FASE DE IMPLANTACIÓN

PROCESO DE GESTACIÓN DEL PLAN

EVALUACIÓN
Riesgos no evitados

PLANIFICACIÓN Y PROGRAMACIÓN

Mejora continua

RESULTADOS

EJECUCIÓN

FASE DE MANTENIMIENTO

CONTROL Y VALORACIÓN DE LA APLICACIÓN DEL PLAN

ACTIVIDAD PROGRAMADA ANUALMENTE

NUEVAS EVALUACIONES

MEDIDAS DE SEGUIMIENTO Y CONTROL

CONTROL Y VALORACIÓN DE LA APLICACIÓN DEL PLAN

DOCUMENTACIÓN

AUDITORÍA SISTEMA

MEJORA DEL SISTEMA

C: Responsables de Información y Formación en la empresa

El derecho a la información, formación y comunicación, y el derecho a consultar y participar en la compañía en los asuntos relacionados con la seguridad se canalizan en la empresa a través de dos figuras:

• El Delegado de Prevención.

• El Comité de Seguridad y Salud.

El Delegado de Prevención es el representante de los trabajadores en materia de seguridad y salud en el trabajo. Es una nueva figura legal con funciones y competencias específicas en asuntos relacionados con la prevención de riesgos, que hasta ahora quedaban en manos del empresario. El número de delegados en la empresa viene determinado por el número de trabajadores.

Las competencias del Delegado están recogidas en el artículo 36 de Ley de Prevención de Riesgos Laborales y son las siguientes:

• Colaborar con la dirección de la empresa en la mejora de la acción preventiva.

• Promover y fomentar la cooperación de los trabajadores en la ejecución de la normativa sobre prevención de riesgos laborales.

• Ser consultados por el empresario, con carácter previo a su ejecución, acerca de las decisiones a que se refiere el artículo 33 de la presente Ley.

• Ejercer una labor de vigilancia y control sobre el cumplimiento de la normativa de prevención de riesgos laborales.

El Comité de Seguridad y Salud estará presente en todas las empresas que cuenten con más de 50 empleados. Es un órgano paritario (formado por representantes de la empresa y delegados de prevención a partes iguales) y colegiado de participación destinado a la consulta regular y periódica de las actuaciones de la empresa en materia de prevención de riesgos. Se trata de un órgano consultivo, cuya única función ejecutiva es la de actuar en casos de riesgo grave e inminente.

Las competencias del Comité están reguladas en el artículo 39 de la Ley:
• Participar en la elaboración, puesta en práctica y evaluación de los planes y programas de prevención de riesgos en la empresa
• Promover iniciativas sobre métodos y procedimientos para la efectiva prevención de los riesgos, proponiendo a la empresa la mejora de las condiciones o la corrección de las deficiencias existentes.

Todo plan de prevención y seguridad en el trabajo ha de comunicarse al resto de los trabajadores y los responsables han de preocuparse de que la información en materia preventiva llegue a todos los empleados. Son los Técnicos y los Delegados los encargados de los requerimientos de formación, información y comunicación. Ellos tienen que tener la habilidad de negociar la prevención con ambas partes: los trabajadores y la empresa. Para ello, es fundamental una alta capacidad de aprendizaje y de trabajo en equipo, así como ser buenos comunicadores.

La comunicación es eficaz cuando el empleado ha entendido el concepto de salud y seguridad, lo ha asimilado y lo ha tomado como propio. Hasta que el empleado no se sienta comprometido con la seguridad propia y de la empresa no podemos considerar eficaz el plan. La comunicación es tremendamente importante para que todos los niveles de la empresa conozcan y entiendan qué es un Sistema de Gestión de Prevención de Riesgos. Y los responsables de los distintos departamentos juegan un papel primordial.

Si el flujo de información es bueno, se puede crear un clima de confianza, apertura interdepartamental y de comunicación vertical, es decir, hacia los estamentos superiores. Compartir ideas, compartir problemas, expresar objetivos, aceptación de cambios, facilidad para la modificación de rutinas, identificación de nuevas necesidades, son ventajas adicionales que se obtienen cuando existen canales eficaces de comunicación.

La documentación y complejidad de la información que se crea va en función del tamaño y actividad empresarial. También es importante la peculiaridad de cada centro de trabajo y de las características de las personas que allí trabajan.

D. Legislación: Normativa Internacional y Comunitaria

En la página Web del Instituto Nacional de Seguridad e Higiene en el Trabajo, perteneciente al Ministerio de Trabajo y Asuntos Sociales se pueden encontrar todas las referencias existentes en esta materia. Incluye un apartado con la lista por orden cronológico de todos los textos legales relativos a la Prevención de Riesgos Laborales.

Los principales textos en la Prevención de Riesgos Laborales son:

• Ley 31/95 de Prevención de Riesgos Laborales

• Reglamento de los Servicios de Prevención (R.D. 39/97)

• Reglamentos específicos:

- Accidentes graves (R.D. 1254/1999)

- Actividades: relación de los distintos textos legales en función del sector de actividad a que se dedique la empresa.

- Exposición a agentes biológicos (R.D. 664/97)

- Exposición a agentes cancerígenos (R.D. 665/97)

- Utilización de equipos de protección individual (R.D. 773/97)

- Utilización de equipos de trabajo (R.D. 1215/97)

- Ergonomía: textos relativos a la manipulación manual de cargas (R.D. 487/1997), y a las pantallas de visualización (R.D. 488/1997).

- Formación

- Higiene

- Lugares de Trabajo (R.D. 486/97)

- Medicina (R.D. 1995/1978)

- Mercancías peligrosas (R.D. 2115/1998)

- Obras de construcción (R.D. 1627/97)

- Principios: relación de disposiciones de carácter básico que regulan la materia

- Residuos (R.D. 937/1989)

- Seguridad

- Señalización (R.D. 485/97)

- Servicios de prevención

- Substancias químicas: legislación sobre el etiquetado, tratamiento de residuos, almacenamiento, transporte, etc. de las substancias químicas

- Varios: otras disposiciones

• Ley 54/2003, de 12 de diciembre, de reforma del marco normativo de la prevención de riesgos laborales.

• R.D. 171/2004, de 30 de enero, por el que se desarrolla el artículo 24 de la Ley 31/1995, de 8 de noviembre, de Prevención de Riesgos Laborales, en materia de coordinación de actividades empresariales.

E. Nuevas vías de Progreso

La Comisión Europea dentro de su comunicado: "Cómo adaptarse a los cambios en la sociedad y en el mundo del trabajo: una nueva estrategia comunitaria de salud y seguridad (2002-2006)" ha definido las llamadas "Nuevas vías de progreso" en Prevención de Riesgos Laborales. Estas complementan la acción legislativa necesaria para el establecimiento de normas, ya que son instrumentos que promueven el progreso en prevención, sirven para la adopción de posiciones dinámicas y vanguardistas en la consecución de los objetivos de aplicar un Sistema de Prevención, sobre todo en los ámbitos para los que no existe un enfoque normativo claro por su novedad.

La Comisión apoyará las siguientes acciones al respecto:

1. En primer lugar, la elevación comparativa e identificativa de ejemplos de mejores prácticas. Es un instrumento cuyos objetivos son:

• Favorecer la convergencia en el desarrollo de Políticas de los Estados Miembros.

• Facilitar la delimitación de fenómenos emergentes, como el estrés, trastornos músculo esqueléticos o la repercusión de dependencias como el alcohol, los medicamentos y las drogas.

• Desarrollar el conocimiento y seguimiento del "Coste de la falta de calidad", es decir, aspectos económicos como son los costes humanos y materiales.

2. Acuerdos voluntarios concluidos por los interlocutores sociales. Se busca favorecer y prevenir mediante el diálogo social algunos riesgos nuevos como el estrés.

3. Responsabilidad social de las empresas. En este apartado se hace una referencia al Libro Verde "Fomentar un marco europeo para la responsabilidad de las empresas", en el cual se destaca que la salud en el trabajo es uno de los ámbitos más privilegiados para la implantación de nuevas prácticas por parte de las empresas.

4. Incentivos económicos. La Comisión cree conveniente la aplicación sistemática de prácticas de incentivos económicos que llevan a cabo los aseguradores, tanto públicos como privados, mediante primas de seguros o contratos de prevención que incluyen la evaluación de riesgos, formación adaptada, asistencia técnica y ayudas al equipamiento.

AUTOEVALUACIÓN

Prevención de Riesgos Laborales. Riesgos Laborales específicos en las funciones del carpintero, medidas de protección individuales y colectivas.

---

1. En que artículo de la Ley 31/1995 de Prevención de Riesgos Laborales aparecen una serie de definiciones que sirven de base y principio para cualquier análisis o estudio sobre la materia:
- a) 5
- b) 7
- c) 9
- d) 4
- e) 1

2. ¿Cuál de las siguientes definiciones corresponde a la Ley 31/1995 de Prevención de Riesgos laborales?
- a) Desorganización
- b) Cuidado intensivo
- c) Prevención
- d) Ninguna es correcta
- e) Todas son correctas

3. ¿Cuál de los siguientes elementos no corresponde al equipo de protección individual:
- a) Guantes
- b) Casco
- c) Traje
- d) Botas de trabajo
- e) Todas son correctas

4. En la página Web de que organismo se puede encontrar un amplio listado de guías técnicas, de evaluación de riesgos por actividad, y orientativas para la selección y utilización de Equipos de Protección Individual (EPI).
   a) Instituto Nacional de Seguridad e Higiene en el Trabajo.
   b) Ministerio del Interior
   c) Ministerio de Educación
   d) Todas son correctas
   e) Ninguna es correcta

5. Indicar cual enunciado corresponde a las Ventajas y Repercusiones económicas de la implantación de un Sistema de Prevención de Riesgos laborales:
   a) Las bajas por enfermedad aumentan
   b) Genera disminución de productividad para la empresa que lo aplica
   c) Favorece las relaciones entre el personal laboral y de este con la propia empresa
   d) Minimiza la gestión de recursos humanos
   e) Ninguna es correcta

6. Según su origen, los factores de riesgo se pueden clasificar cuantos grupos:
   a) Ninguno
   b) 10
   c) 3
   d) 5
   e) 1

7. ¿Cuál de los siguientes es un factor de riesgo?
   a) Organización del trabajo, derivados de la organización del trabajo: jornadas, relaciones personales, estilo de mando.
   b) Contaminantes químicos y biológicos: aerosoles, vapores, virus, polen.
   c) Desgano al realizar las tareas.
   d) A y b son correctas.
   e) Todas son correctas.

8. ¿Cuáles de las siguientes disciplinas corresponden a las disciplinas o técnicas específicas de la prevención de riesgos laborales?
a) Puesta a punto y Calibración.
b) Regulación y Control.
c) Seguridad Laboral e Higiene Industrial.
d) Todas son correctas.
e) Ninguna es correcta

9. Según el Artículo 16 de la Ley de Prevención de Riesgos Laborales, es una obligación legal para el empresario el realizar una Evaluación de los Riesgos Laborales en su empresa. Según la ley, todo empresario debe:
a) Evaluar los riesgos a la hora de elegir los equipos de trabajo, sustancias o preparados químicos y del acondicionamiento de los lugares de trabajo.
b) No evaluar los riesgos a la hora de elegir los equipos de trabajo, sustancias o preparados químicos y del acondicionamiento de los lugares de trabajo.
c) Evaluar los riesgos a la hora de elegir los equipos de trabajo, sustancias o preparados químicos y del acondicionamiento de los lugares de esparcimiento.
d) Ninguna es correcta.
e) a y b son correctas.

10. ¿Cuál de las siguientes es un tipo de riesgo, según la tabla ilustrativa del Ministerio de Trabajo?
a) Magnífica
b) Intolerable
c) Perspicaz
d) Inocuo
e) Todas son correctas

11. Los hábitos seguros de trabajo y vestimenta apropiada reducen los riesgos de:
a) Infartos
b) Accidentes
c) Cólicos
d) Jaquecas
e) Ninguna es correcta

12. Cuál de los siguientes es un riesgo primario del oficio de carpintero:
   a) Calambre
   b) Movimientos repetitivos
   c) Polvo de yeso
   d) Aditivo de las pinturas
   e) Ninguna es correcta

13. En qué caso no se debe utilizar mascarillas descartables: Cuando se trabaja con:
   a) Pulido
   b) Rectificado
   c) Barrido
   d) Cableado
   e) A, b y c son correctas

14. ¿Qué elemento de protección se debe usar contra sustancias tóxicas y polvo de madera?
   a) Guardapolvos
   b) Casco
   c) Arneses
   d) Máscaras protectoras
   e) Ninguna es correcta

15. ¿Qué elemento se debe usar para trabajos en altura?
   a) Guantes
   b) Zapatos de protección
   c) Gafas de protección
   d) Arneses
   e) Todas son correctas

16. Qué circunstancia fundamental constituye la base para lograr un trabajo de calidad que se realizará en las adecuadas condiciones de seguridad:
   a) Conocimiento profesional
   b) Conocimiento provisorio
   c) Conocimiento precario
   d) Conocimiento improvisado
   e) Conocimiento funcional

17. ¿Cuál pueden ser causas de accidentes de trabajo?
a) Caídas por huecos
b) Caídas de objetos
c) Emisión de gases
d) Quemaduras por contacto
e) Todas son correctas

18. ¿Cuál de las siguientes no es una enfermedad profesional?
a) Sordera profesional
b) Irritaciones agudas de pulmón
c) Gripe
d) Narcosis aguda por exposiciones a disolventes
e) Distrofia por vibraciones

19. Qué define el siguiente enunciado: Todas aquellas acciones que se organizan en el seno de la empresa con el objetivo último de poder eliminar los accidentes, o, en su caso, todas aquella situaciones peligrosas o de riesgo que eventualmente puedan serlo.
a) Medidas represivas
b) Medidas colectivas
c) Medidas sustantivas
d) Medidas sustanciales
e) Medidas preventivas

20. El Ministerio de Trabajo y asuntos sociales recomienda lo siguiente en su cartel de prevención. Señalar el correcto:
a) Al trasvasar, recuerda cerrar
b) Al rebasar, recuerda etiquetar
c) Al envasar, recuerda limpiar
d) Al trasvasar, recuerda etiquetar
e) Al trasvasar, recuerda numerar

21. Cuáles son las dos Normas que regulan el Sistema de Gestión de la seguridad y salud en el trabajo.
a) ISO 9000 e ISO 14001
b) UNE 81900 y OHSAS 18001
c) DIN 900 y UNE 41455
d) ISO 7541 y UNE 21457
e) Ninguna es correcta

22. Una vez que hemos recopilado toda la información, evaluado y analizado la situación de nuestra empresa, debemos reflejar en un documento las actividades y políticas preventivas y organizativas que llevaremos a cabo para la prevención de riesgos y para mejorar la seguridad. A este documento y a esta actividad se denomina:

   a) Plan de Acción
   b) Plan de Ejecución
   c) Plan de Prevención
   d) Plan de Función
   e) No existe ningún plan

23. El derecho a la información, formación y comunicación, y el derecho a consultar y participar en la compañía en los asuntos relacionados con la seguridad se canalizan en la empresa a través de dos figuras, indicar la correcta:

   a) El Delegado de Prevención y El Comité de Seguridad y Salud.
   b) El Delegado de Salud y El Comité de Prevención.
   c) El Delegado de Seguridad y El Comité de Salud.
   d) El Delegado de Prevención y El Comité de Salud.
   e) Ninguna es correcta.

SOLUCIONARIO

1. d) 4
2. c) Prevención
3. c) traje
4. b) Instituto Nacional de Seguridad e Higiene en el Trabajo
5. c) Favorece las relaciones entre el personal laboral y de este con la propia empresa
6. d) 5
7. d) A y b son correctas
8. c) Seguridad Laboral e Higiene Industrial
9. a) Evaluar los riesgos a la hora de elegir los equipos de trabajo, sustancias o preparados químicos y del acondicionamiento de los lugares de trabajo.
10. a) Intolerable
11. b) Accidentes
12. b) Movimientos repetitivos
13. d) Cableado
14. f) Máscaras protectoras
15. d) Arneses
16. a) Conocimiento profesional
17. e) Todas son correctas
18. c) Gripe
19. e) Medidas preventivas
20. d) Al trasvasar, recuerda etiquetar
21. b) UNE 81900 y OHSAS 18001
22. b) Plan de Prevención
23. b) El Delegado de Prevención y El Comité de Seguridad y Salud.

Protección medioambiental. Nociones básicas sobre contaminación ambiental. Los principales riesgos medioambientales relacionados a las funciones de la carpintería.

Bibliografía

Real Decreto **1495/1986,** de 26 de mayo, del MIE por el que se aprueba el Reglamento de **Seguridad en las Máquinas** (B.O.E. de 21.07.86 y rect. en B.O.E. de 4.10.86).

Real Decreto **1435/1992,** de 27 de noviembre, sobre aproximación de las legislaciones de los Estados miembros relativas a **máquinas**. Transpone a la legislación española las Directivas de Máquinas 89/392/CEE y 91/368/CEE.

Orden del MIE de 8 de abril de 1991 por la que se aprueba la **ITC-MSG-SM**-1 referente a **máquinas**, elementos o sistemas de protección usados (B.O.E. de 11.04.91).

Real Decreto **56/1995,** de 20 de enero, por el que se modifica el R.D. **1435/92**, anterior, relativo a las disposiciones de aplicación de la Directiva del Consejo **89/392/CEE** sobre **máquinas**, transpone también las Directivas del Consejo **93/44/CEE** y **93/68/CEE.**

Real Decreto **1316/1989,** de 27 de octubre (B.O.E. de 2.11.89, de 9.12.89 y de 26.05.90), sobre protección de los trabajadores contra los riesgos relacionados con la exposición al **ruido** durante el trabajo.

Real Decreto **1078/1993,** de 2 de julio. Reglamento sobre **clasificación, envasado** y **etiquetado de productos peligrosos** (B.O.E. de 9.09 y rect. en B.O.E. de 19.11.93), actualizado por Orden de 20.02.95 (B.O.E. de 23.02 y rect. En B.O.E. de 5.04.95).

Real Decreto **363/1995,** de 10 de marzo, sobre **clasificación, envasado** y **etiquetado** de sustancias químicas y preparados peligrosos (B.O.E. de 5.06.95).

Real Decreto **668/1980** del MIE, de 8 de febrero, por el que se aprueba el Reglamento de **almacenamiento de productos químicos** (B.O.E. de 14.04.80) e Instrucciones Técnicas Complementarias.

Real Decreto **773/1997,** de 30 de mayo, sobre disposiciones mínimas de seguridad y salud relativas a la utilización por los trabajadores en el trabajo de los **EPI**.

Real Decreto **1215/1997,** de 18 de julio (BOE 7.8.1997), por el que se establecen las disposiciones mínimas de seguridad y salud para la utilización por los trabajadores de los **equipos de trabajo.**

Real Decreto **485/1997**, de 14 de abril (B.O.E. de 23.04.97, nº97), sobre disposiciones mínimas en materia de **señalización** de seguridad y salud en el trabajo.

Real Decreto **1/1995,** de 24 de marzo (B.O.E. de 29.03.95), texto refundido de la ley del **Estatuto de los Trabajadores.**

Real Decreto **487/1997**, de 14 de abril (B.O.E. de 23.04.97, nº97), sobre disposiciones mínimas de seguridad y salud relativas a la **manipulación manual de cargas** que entrañe riesgos, en particular dorso-lumbares, para los trabajadores.

Protección medioambiental

Terminología

Para lograr el desarrollo de una conciencia ambiental en el individuo, es necesario transmitir una serie de conceptos básicos que le permitan situarse en relación con el medio ambiente.

-**Medio ambiente**: marco animado e inanimado en el que se desarrolla la vida de los seres vivos. Abarca seres humanos, animales, plantas, objetos, agua, suelo, aire y las relaciones entre ellos, así como los valores de estética, ciencias naturales e histórico-culturales.

-**Ecosistema**: unidad claramente distinguible en la biosfera, por ejemplo, un bosque, estanque o río con sus pertenecientes plantas y animales (comunidad biótica). Sistema autorregulador que se mantiene por las interacciones entre los factores abióticos (o vivos) y los bióticos (vivos).

-**Ecología**: ciencia que estudia las relaciones entre los seres vivos y su entorno abiótico (medio ambiente).

-**Flora**: conjunto de especies vegetales que viven en un determinado lugar.

-**Fauna**: conjunto de especies animales que viven en un determinado lugar.

-**Hábitat:** territorio en el que vive una especie vegetal o animal.

-**Biodiversidad**: término que designa la variedad de vida en la tierra. Puede describirse desde el punto de vista de los genes, las especies y los ecosistemas.

-**Contaminación**: cualquier tipo de impurezas, materia o influencias físicas (como ruido y radiación) en un determinado medio y en niveles más altos de lo normal, que pueden ocasionar peligro o daño en el sistema ecológico.

-**Contaminante:** sustancia no deseada que está presente en cualquier medio, impidiendo o perturbando la vida de los organismos y produciendo efectos nocivos a los materiales y al propio ambiente.

-**Emisión:** expulsión, descarga de gases, líquidos o partículas al agua, suelo o aire.

-**Impacto:** efecto que una determinada acción produce en el medio ambiente.

-**Vertido:** corriente de desperdicios, ya sean líquidos, sólidos o gaseosos que se introducen en el medio ambiente.

-**Residuo:** cualquier sustancia u objeto, del cual su poseedor se desprenda o del que tenga la intención u obligación de desprenderse.

-**Reciclaje:** reintroducción de elementos o productos de desecho en la actividad industrial. Método utilizado para economizar materias primas y energías.

-**Energía renovable:** energía que se obtiene de fuentes inagotables o renovables. En la energía renovable se emplea la fuerza del viento (eólica), agua (hidráulica), sol (energía solar), etcétera.

Además de estos términos básicos no nos podemos olvidar de **principios clave** que han influido notablemente en el sentido y comprensión del medio ambiente:

-**Desarrollo sostenible**: término que aparece por primera vez en el Informe Brundtland, también conocido como "el futuro de todos" (Comisión mundial para el desarrollo del medio ambiente de Naciones Unidas, 1987) y lo define como aquel **desarrollo que satisface las necesidades del presente sin comprometer las necesidades de generaciones futuras**. El concepto será la clave de las políticas de medio ambiente de la CE y de la Declaración de Río-92 sobre Medio Ambiente y Desarrollo.

Como se observa la definición de desarrollo sostenible queda en el aire si no se puntualiza qué se entiende por necesidades. La precisión es importante porque, aparte de incluir las necesidades básicas de alimentación, vestido, vivienda, educación y sanidad, pone en entredicho muchos de los objetivos de la sociedad de consumo occidental, que vendrían a ser superfluos en el supuesto de que el abuso de los recursos naturales para satisfacerlos pudiese llegar a agotarlos.

-**Quien contamina paga:** viene recogido en el artículo 130R del Tratado de Maastricht, e implica que todo el que contamina debe pagar por el daño ecológico causado. Con arreglo a este principio los responsables de un acto de contaminación tienen que pagar los costes de prevención de la contaminación y de todas las medidas necesarias para eliminarla o reducirla a un nivel jurídicamente admitido.

Nociones básicas sobre contaminación ambiental

La consideración de los problemas ambientales ha cambiado mucho en estos últimos años. Lo que a mediados de este siglo era una minoritaria preocupación por las especies y los espacios, es hoy en día centro de un debate mundial sobre el futuro de la humanidad.

Está claro que los problemas ambientales surgen del uso que hace la sociedad de los recursos naturales, y que la contaminación procede de formas de producción poco eficientes y de unos estilos de vida verdaderamente insostenibles.

Sobre esta realidad está la de la situación social y ambiental de los "otros países", aquellos que aún tienen gran riqueza en biodiversidad y cuyos ciudadanos viven en situaciones no deseables. Estamos hablando entonces de problemas sociales: de la justicia, de la eficiencia, de la democracia.

Se hace, por lo tanto, imprescindible la cooperación entre los Estados, en primer lugar, para erradicar la pobreza como requisito indispensable del desarrollo sostenible, y en segundo lugar mediante el intercambio de conocimientos y tecnologías, evitar y restaurar la degradación ambiental del planeta.

Por otro lado, a nivel interno, los Estados deberán diseñar políticas medioambientales eficaces, que recojan los objetivos y prioridades en materia ambiental. Tales políticas, como bien establece el artículo 6 del Tratado de Ámsterdam, deberán integrarse en el resto de políticas sectoriales al objeto de que las consideraciones ambientales estén presentes en todos los ámbitos de la sociedad.

A. Causas de las principales amenazas y problemas ambientales que afectan a la sociedad

Es esencial involucrar a los ciudadanos en la problemática ambiental. Para ello necesitan una información precisa y actualizada de los principales problemas actuales y amenazas futuras (recogidos en el capítulo 10 del V Programa de actuación en materia de medio ambiente), enfocados primero desde una perspectiva global y dando luego una visión práctica y local.

Introducción en las causas de la contaminación atmosférica:

La atmósfera es el recurso natural sobre el cual los problemas ambientales se hacen más palpables. Diariamente son emitidos a la atmósfera una gran cantidad de gases contaminantes. Los efectos que estos gases pueden producir en el planeta son muy diversos, tanto a escala local (lugar donde se produce la emisión) como a escala global.

Ya en la I Revolución Industrial en Inglaterra se entendió que se debía proteger el medio y se promulgaron las primeras leyes para preservar la atmósfera de la contaminación del aire por los hornos de fundición, en la Inglaterra de 1821. Estas normativas introducían también la posibilidad de iniciar procesos de demanda y denuncia y ayuda a los damnificados. Mucho más tarde, en 1863, el Parlamento británico promulgó el "decreto alcalino", que exigía a determinados fabricantes la eliminación del 95% del ácido clorhídrico que vertían. Es importante este decreto porque creó la primera entidad de control de la contaminación del mundo: el "Alkali Inspectorate". En el siglo XX, las primeras leyes ambientales se dirigían a evitar la contaminación del agua en determinados ríos de Inglaterra (1951). En los E.E.U.U. se aprobó la primera ley sobre aire limpio (Clean Air Act) en 1955, y la del agua (Clean Water Act) en 1972.

La preocupación por la calidad de la atmósfera siempre ha ido a remolque de los efectos que producía el desarrollo industrial y no se ha tenido conciencia de lo irreversible del proceso hasta bien entrado el siglo XX. Las investigaciones científicas de las últimas décadas han denunciado los estragos que están causando la emisión de gases nocivos a la atmósfera. Entre los más representativos y a su vez más perjudiciales, destacamos:

Efecto invernadero

El efecto invernadero es un fenómeno natural de la atmósfera consistente en que la energía solar que llega a la tierra, al tomar contacto con el suelo, se refleja sólo en parte, siendo el resto absorbido por el mismo.

El efecto de esta absorción es un calentamiento y se manifiesta por una irradiación de energía hacia la atmósfera. Sin embargo, al viajar hacia la atmósfera se encuentra con gases que actúan de freno, produciéndose choques y una vuelta hacia la tierra, evitando que la energía se escape hacia el exterior calentado más el suelo del planeta.

El efecto de este fenómeno es un calentamiento global del planeta (aproximadamente 4°C en los próximos cien años). Como consecuencia del mismo se produce un deshielo de las zonas polares, aumentando el nivel medio de mares y océanos, lo que tendrá graves consecuencias que ya se comienzan a sufrir en determinados lugares del planeta (inundaciones, ciclones, pérdida de la zona costero litoral, etcétera).

En la Unión Europea se calcula que la temperatura media ha subido 0,8ºC en los últimos cien años y se prevé que para el 2100 el calentamiento sea entre 1-6ºC. La UE arroja a la atmósfera el 15% de los gases invernaderos cuando su población representa sólo el 5%. El compromiso adquirido por los Estados miembros en la Conferencia de Kyoto fue reducir en un 8% las emisiones para el periodo 2008-12.

Los principales gases que provocan el efecto invernadero son:

-Dióxido de carbono (CO_2). Combustión de depósitos fósiles, emisiones desde vehículos, industrias, etcétera.

-CFCs y HFCs. Aerosoles, climatizadores, refrigeradores, etcétera.

-Metano (CH_4). Residuos ganaderos y agrícolas.

Conociendo las fuentes emisoras de estos gases invernaderos podremos realizar acciones correctoras: reducción de emisiones mediante filtros, utilización de transportes alternativos, etcétera.

Agujero de ozono

En capas altas de la atmósfera abunda el gas ozono (O_3). Este gas es el encargado de proteger la tierra de radiaciones ultravioletas. La introducción de nuevos compuestos artificiales, así como de fertilizantes, reduce la concentración de ozono en la atmósfera, lo que provoca que penetre más cantidad de rayos ultravioletas, acarreando graves consecuencias para el desarrollo de la vida vegetal y animal. También puede producir cáncer de piel, mutaciones genéticas, etcétera.

Los principales causantes de la destrucción de la capa de ozono son:

-Fuentes artificiales de cloro y bromo: presentes en refrigeradores industriales, domésticos, aerosoles, etcétera.

-Nox: Presentes principalmente en fertilizantes.

Acidificación

Se trata de ácidos que se forman en la atmósfera por la mezcla de vapor de agua con gases emitidos por industrias. Estos ácidos caen sobre la tierra en forma de lluvia, produciendo la acidificación de los suelos y aguas, pérdida de zonas de cultivo, muerte de árboles, bosques, erosión, etcétera. Este fenómeno se puede dar a mucha distancia del foco emisor (EE.UU. se está viendo afectada por la contaminación del norte de Europa), por ello la zona afectada es muy grande.

Los principales gases causantes de la acidificación son:

-Compuestos de azufre (SO_2)

-Compuestos de nitrógeno (NO)

Contaminación de las aguas

El agua es el compuesto químico con mayor presencia en la naturaleza. Sus propiedades le confieren la capacidad de ser un elemento fundamental para el desarrollo de la vida. Nos encontramos con un recurso limitado cuya desaparición nos traería importantes consecuencias. El agua cubre las dos terceras partes de la superficie terrestre, pero sólo el 1% está disponible para su uso por el hombre. Además existe una demanda creciente de este recurso que obliga a racionalizar su consumo.

Entre los problemas más importantes que afectan a los recursos hídricos, nos encontramos con la contaminación del agua, que la hace inadecuada para la aplicación a la que se destina. Los orígenes o fuentes de contaminación son muy variados, pero los principales son:

-**Vertidos urbanos**: sistemas de vertidos de agua residuales (pozos negros, fosas sépticas, redes de saneamiento), actividades domésticas, vertederos de residuos sólidos urbanos, aplicación al terreno de aguas o fangos residuales.

-**Vertidos industriales**: la contaminación se produce por las aguas residuales, líquidos residuales, desechos sólidos vertidos o almacenados, humos, almacenamiento de materias primas, así como su transporte, accidentes y fugas.

-**Vertidos agrícolas y ganaderos:** viene dada principalmente por el uso masivo de abonos químicos y pesticidas en la agricultura. La contaminación que se origina es dispersa, al contrario de la contaminación urbana que puede considerarse puntual.

Contaminación de los suelos

Es aquella porción de suelo cuya calidad ha sido alterada como consecuencia del vertido puntual, directo o indirecto, de residuos o productos tóxicos y peligrosos. El resultado del vertido es la presencia de alguna sustancia en unas concentraciones tales que confieren al suelo propiedades nocivas, insalubres, molestas o peligrosas para algún fin.

Hay suelos contaminados que actualmente están abandonados y otros que están en uso, los más importantes de éstos suelen ser los vertederos incontrolados de residuos originados antes de la aparición de la legislación de residuos tóxicos y peligrosos.

Los problemas que puede plantear la contaminación de suelos son tan variados como pueden serlo las sustancias presentes en los vertidos. De modo general se pueden plantear los siguientes daños y riesgos:

-Se compromete gravemente el desempeño de las funciones básicas del suelo.

-Contaminación de aguas subterráneas, superficiales, del aire.

-Envenenamiento por contacto directo o a través de la cadena alimentaria.

-Fuego por explosión, etcétera.

Residuos

Es una de las principales causas de la contaminación de los suelos. El tratamiento de los residuos constituye uno de los puntos clave del ordenamiento ambiental ya que su producción ha aumentado en los últimos 20 años de una manera alarmante. Entre los distintos tipos de residuos nos encontramos con:

Residuos urbanos

Son los generados en las zonas urbanas como consecuencia de la actividad cotidiana de sus habitantes (comercios, oficinas, servicios, domicilios, etcétera). Comúnmente los conocemos como basuras. Se estima que la producción de residuos es de un kilogramo por habitante y día. Dada la gran cantidad de residuos que se generan diariamente, es imprescindible una buena gestión de tales residuos, es decir, una recogida, transporte y tratamiento perfectamente organizados y apoyados por la colaboración ciudadana (recogida selectiva). El vidrio, el papel y materia orgánica tienen sus propios circuitos de recogida. El problema reside en la recogida de los distintos tipos de plásticos y de *bricks*. Estos materiales han sido recientemente regulados por la Ley 11/1997, de 24 de abril. Se trata de una ley muy importante, pues establece por primera vez la obligación de dar a estos materiales un destino diferente a, simplemente, enterrarlos en un vertedero.

Residuos industriales

Son los desechos producidos por las instalaciones industriales. Pueden ser de dos tipos:

-Inertes o asimilables a urbanos

-Tóxicos y peligrosos. Son aquellos cuyas propiedades incluyen alguna o algunas de las siguientes características: inflamable irritante, nocivo, tóxico, cancerígeno, corrosivo, infeccioso, etcétera. La gestión de estos residuos compete a un gestor autorizado, que los depositará en recipientes de seguridad habilitados con tal efecto.

Residuos sanitarios

Son aquellos residuos generados en los centros hospitalarios. Su importancia reside en la cantidad de residuos que se generan diariamente (3,5 kg. por cama y día), por el riesgo de infección que presentan (residuos biosanitarios) y de contaminación (residuos químicos y radioactivos).

Dada la variedad y peligrosidad de los residuos sanitarios, todo centro hospitalario deberá contar con un plan de gestión interno de residuos, que permita clasificar y dar el destino adecuado a cada tipo de residuo generado.

Residuos agrícolas y ganaderos

Son los residuos generados como consecuencia de las actividades agrícolas y ganaderas. Se trata de residuos potencialmente contaminantes ya que contienen productos que pueden revestir un carácter peligroso o incidir de variadas formas sobre el entorno.

Tales residuos son asimilables a los residuos urbanos, es decir, en la práctica, no se rigen por disposiciones específicas. Sin embargo, el tratamiento de estos residuos difiere de los residuos municipales ordinarios en la medida que gran parte de los mismos son aprovechables en las propias explotaciones agropecuarias.

Deterioro del medio natural

-La pérdida de la biodiversidad en el mundo:

La diversidad biológica es uno de los principios básicos del desarrollo sostenible. La biodiversidad comprende todas las especies de plantas, animales y microorganismos y la variabilidad genética presente en ellos, además de los ecosistemas de los que forman parte.

Hoy en día, las amenazas a la biodiversidad son realmente descorazonadoras. La mayoría de la biodiversidad del planeta reside en bosques tropicales de los países en vías de desarrollo, países que están experimentando un rápido crecimiento de su población.

Este crecimiento de población y el desarrollo necesario para mantenerla amenazan con extinguir el 70% de las especies vivas para el final del próximo siglo.

La importancia de la biodiversidad es la gran cantidad de organismos que hay en la tierra y la variabilidad de estos dentro de la misma especie, lo que supone un valor potencial de toda esa información como fuente para nuevos productos farmacéuticos, químicos y nuevos materiales.

Si estas especies se pierden, las consecuencias más inmediatas serían la ruptura del equilibrio de los ecosistemas y del equilibrio planetario, pero a largo plazo, sería más importante la pérdida de información que podría encerrar un gran valor.

Por ello, la gravedad de estos problemas requiere una respuesta rápida. Los países están tomando medidas como la elaboración de legislaciones para la conservación de sus especies, la declaración de zonas de una riqueza biológica importante como zonas de interés natural con un grado de protección importante, etcétera.

A nivel internacional, destaca el Convenio de diversidad biológica o Convenio de Biodiversidad, ratificado por España en 1993. Dicho Convenio tiene por objeto la conservación máxima de la biodiversidad en beneficio de generaciones presentes y futuras, velando por el uso racional de los recursos.

Agotamiento y contaminación de los recursos hídricos

Los problemas de contaminación marina no han variado mucho en la última década, pero lo que sí ha variado es la percepción que el hombre tiene sobre ellos.

De los 20.000 millones de Tm. de sales disueltas y materia en suspensión que llegan al mar a través de los ríos, solamente el 10% llegan al océano profundo, el resto se acumula en las zonas costeras donde se captura el 90% de la pesca mundial, con el peligro para la salud del hombre que la consume.

Otro problema que sufre el medio marino es el originado por los vertidos de aguas residuales urbanas. Para la descomposición de la materia orgánica de las aguas residuales, las bacterias utilizan oxígeno disuelto en el agua. Si las cantidades de residuos son muy elevadas puede suceder que no haya suficiente oxígeno en el agua para soportar la vida de muchos peces, proliferando bacterias.

Todos estos problemas pueden solucionarse con una buena gestión en tierra. El mar puede ser el recurso que más beneficios puede aportarnos en un futuro.

Deforestación-desertificación

La deforestación es la pérdida de masa forestal (árboles, plantas, etcétera) de un territorio determinado, lo que implica la pérdida de terreno fértil. Entre los procesos principales que han llevado a la deforestación de determinadas zonas del planeta, se encuentran:

-Requerimiento masivo de madera, como combustible, en determinadas épocas y como material de construcción para casas, barcos, etcétera.

-Apertura de pistas y carreteras.

-Explotación de bosques para la industria papelera.

-Incendios. En 1994 los incendios han deforestado en España 432.000 ha.

Entre los efectos más importantes de la deforestación se encuentran:

-Erosión del suelo, como consecuencia de la falta de vegetación.

-Pérdida de terreno fértil, al desaparecer los nutrientes del suelo.

-Pérdida de la flora y fauna.

-Aumento de gases contaminantes (CO_2) cuando se recurre a la quema de bosques.

-Interrupción del ciclo del agua.

Este proceso de deforestación viene íntimamente relacionado con el proceso de la desertificación. Una vez comenzada la deforestación, casi paralelamente, se está produciendo la desertificación del mismo. Este proceso tiene un impacto directo sobre las condiciones de vida de gran número de personas y pueblos, siendo causa y efecto de la pobreza y emigración. Las consecuencias de ello es que más de la tercera parte de la tierra es árida. España es el único país de Europa Occidental con riesgo de desertificación calificado como muy alto. La lucha contra este proceso se plantea bajo los siguientes aspectos:

-Incorporación de técnicas agrarias protectoras de la fertilidad del suelo.

-Reconstrucción de la cubierta vegetal.

-Realización de obras de hidrología forestal.

Por último, hay que diferenciar entre desertificación y desertización. La desertización es un proceso natural, en cambio la desertificación es consecuencia de la actividad del hombre.

B. Medio ambiente urbano

Los procesos tecnológicos habidos en las últimas décadas han traído consigo un potente desarrollo económico de los países industrializados y la acumulación de la población en grandes ciudades.

Estos procesos tecnológicos han venido acompañados de contaminaciones de distinta naturaleza. Los problemas de contaminación en las ciudades pueden tener distintos orígenes, entre los que cabe destacar la contaminación atmosférica, el ruido y la producción de residuos de distinta procedencia.

Las zonas urbanas están sometidas a una amplia gama de contaminantes, alguno de los cuales pueden ser cancerígenos.

Entre sus efectos sobre la salud se incluyen las enfermedades respiratorias, así como las irritaciones cutáneas y oculares. Al margen de ello, erosionan el entorno edificado y perjudican el medio ambiente natural. La mayoría de los contaminantes atmosféricos proceden de las siguientes fuentes: la industria, los vehículos de motor y la utilización de combustibles fósiles para calefacción y para generar energía.

Entre las medidas existentes para frenar o reducir las emisiones de los diferentes agentes contaminantes se encuentran:

-Ahorro energético. Merece prioridad dado su potencial de reducción del CO_2.

-El cambio de combustible fósil al gas natural o a las fuentes de energías alternativas o renovables.

-Incremento de los esfuerzos en investigación y desarrollo en la reducción de los niveles de emisión a medio y largo plazo.

-Repoblación forestal y eliminación de CFCs, etcétera.

Merece la pena abordar el uso de energías renovables por la enorme trascendencia que pueden tener en la producción y en el desarrollo económico de los países, especialmente, de aquellos con una demanda alta de petróleo y sus derivados.

C. Energías renovables y alternativas

Las energías renovables son aquellas que pueden obtenerse directamente de los ciclos naturales y todas ellas dependen, de alguna forma, de los ciclos solares. Son: la energía de biomasa (ciclo anual), eólica o del viento, energía solar (térmica o fotovoltaica) e hidráulica (ciclo del agua).

Si añadimos la energía geotérmica y de la hidráulica consideramos solo las minicentrales, de poco impacto ambiental, a este tipo de energías les llamamos más propiamente **energías alternativas**, es decir, alternativas a las energías convencionales que son las que tienen un mayor impacto ambiental porque se basan en combustibles fósiles, en la energía atómica o en las grandes presas hidroeléctricas de gran impacto.

El IDAE, Instituto para la Diversificación y Ahorro de la Energía, es el organismo estatal ocupado de impulsar la utilización de las energías alternativas y de estimular las aplicaciones de ahorro energético.

La **energía de biomasa** es la energía renovable más antigua y utilizada en el mundo. Se trata de la combustión de vegetales, o restos de vegetales, cuando estos proceden de podas o bien cuando son repuestos por nuevas plantas que garantizan que el CO_2 emitido en la combustión será absorbido por las nuevas plantas.

Además de la biomasa natural, que es la producida por ecosistemas naturales como los bosques, hay una diversidad de tipos nuevos de biomasa como es la expresamente cultivada para producir energía (cultivos energéticos), la procedente de residuos sólidos urbanos o ganaderos, la de excedentes agrícolas como e industriales como el orujo de aceituna o los residuos leñosos. Cada vez más se hacen tratamientos industriales a residuos para producir elementos fácilmente combustibles, como briquetas, o instalaciones de producción de combustibles líquidos o de biogás.

En el futuro, la energía procedente de la biomasa es la que tiene más posibilidades de sustituir en mayor medida, a los combustibles fósiles; hoy ya hay países, como Finlandia, en los que más del 50% de la energía de combustión, exceptuando el transporte, procede de la biomasa.

La **energía eólica** está cada vez más difundida en el mundo y en España. La empresa MADE, del grupo ENDESA, es la principal suministradora de aerogeneradores, equipos productores de energía eólica, y una de las más importantes en paneles solares térmicos.

La captación de la **energía solar** puede ser pasiva, térmica o fotovoltaica: La captación pasiva se consigue mediante el diseño arquitectónico inteligente con la utilización de acristalamientos o materiales que almacenan la energía bien para utilizar esa energía para calentar el interior o bien para interceptar la energía y evitar el calentamiento de los interiores (refrigeración). Los sistemas pasivos evitan el gasto energético convencional tanto para calentar como para refrigerar. Un ejemplo de edificación bioclimática es la sede del Instituto Tecnológico y de Energías Renovables en el Polígono Industrial de Granadilla.

La captación térmica se realiza por colectores solares. Se distinguen los de baja temperatura, media temperatura y alta temperatura, según que la captación sea directa, de bajo índice de concentración o de alto índice de concentración, respectivamente. Los que se utilizan para agua caliente en piscinas, domicilios, etcétera, son de baja temperatura.

La captación fotovoltaica consiste en la producción directa de energía eléctrica mediante el efecto fotoeléctrico. Es una de las energías alternativas más prometedoras, aunque hoy en día es todavía muy cara. No obstante, es el sistema más adecuado en todos los lugares donde no es posible, o muy caro, hacer llegar líneas eléctricas. Es decir, en la electrificación rural en el sector doméstico o en aplicaciones agrícolas y ganaderas, así como para repetidores de radio y televisión, radiofaros, balizas, aeropuertos, calculadoras, cosmonaves, etcétera.

En el mundo, existen numerosas instituciones dedicadas al desarrollo de las energías alternativas. En España, además del IDAE, está CENSOLAR que desarrolla proyectos de energías renovables y otros de comunidades autónomas, como es el Instituto Tecnológico y de Energías Renovables (ITER), del Cabildo de Tenerife.

En el BOE de 30/Dic./98 se recoge el Decreto 2818/1998 que establece las condiciones para la producción de energía eléctrica en régimen especial (autoproductores por cogeneración, energías renovables e instalaciones de producción de energía a partir de residuos) así como las primas o subvenciones que pueden percibir dichas instalaciones al conectarse a la red eléctrica. Así, las instalaciones que utilicen la energía solar como energía primaria pueden percibir hasta 66 pts/kwh cuando la instalación sea inferior a 5kWp (hasta que en España no se llegue a 50 Mw de potencia fotovoltaica instalada) y 36 pts/kwh para otras instalaciones solares si bien, mientras no aparezca una normativa de reglamentación adecuada, existen muchas dificultades prácticas para la venta de la energía obtenida. Dentro del Proyecto Greenpeace Solar, hay que destacar la Guía Solar, que edita Greenpeace-España, que ya recoge el RD 2818/98 y que trata de "Cómo disponer de energía solar fotovoltaica en edificios conectados a la red eléctrica".

Todos los problemas anteriormente descritos revisten una importancia a escala de la UE por sus implicaciones transfronterizas, para el mercado interior y los recursos compartidos, tanto desde el punto de vista de la cohesión como por su impacto ambiental en todas las regiones de la UE.

Por otro lado, existe la opinión generalizada de que los problemas globales del medio ambiente escapan de la capacidad de actuación de los ciudadanos se sienten impotentes y surge la apatía y la desidia, considerando que no se puede hacer nada salvo descargar en la política y la tecnología la búsqueda de soluciones.

Por ello, hay que fomentar un sentido de la responsabilidad personal respecto del medio ambiente, informando que todos y cada uno de los ciudadanos desempeñan en su vida cotidiana papeles fundamentales en la gestión ambiental, como consumidores de bienes y servicios con capacidad de elección, así como generadores directos de contaminación y residuos en el hogar, en el trabajo, en el transporte y en los espacios de ocio.

D. Respuestas institucionales y sociales

Organizaciones gubernamentales que trabajan directamente con los problemas ambientales. Normativa, estructura administrativa y distribución de competencias: Muy pronto se dieron cuenta los Gobiernos de que el desarrollo industrial estaba provocando un impacto sobre la atmósfera y el medio natural que había que atenuar. Por este motivo, las primeras normas pretendieron mejorar la calidad del aire en aquellas regiones donde la contaminación del medio era notoria debido a los hornos de fundición, en la Inglaterra de 1821. Eran leyes que facilitaban el proceso de demanda y denuncia a los damnificados. Posteriormente, en 1863, el Parlamento británico promulgó el "decreto alcalino" que exigía a determinados fabricantes la eliminación del 95% del ácido clorhídrico que vertían, y creó la primera entidad de control de la contaminación del mundo: el "Alkali Inspectorate". En el siglo XX, las primeras leyes ambientales se dirigían a evitar la contaminación del agua en determinados ríos de Inglaterra (1951).

En los E.E.U.U. se aprobó la primera ley sobre aire limpio (Clean Air Act) en 1955, y la del agua (Clean Water Act) en 1972.

La primera norma que exigía la realización de estudios de impacto ambiental, a las agencias federales, data de 1969 y fue el National Environmental Policy Act (NEPA) en las E.E.U.U. En 1970, se constituyó la Environmental Protection Agency (EPA), que es la agencia encargada de establecer los máximos permitidos para las sustancias contaminantes en los E.E.U.U. así como de elaborar y gestionar toda la política de los E.E.U.U. en materia de Medio Ambiente.

En Europa, hay ya una extensa legislación en materia ambiental, con una multiplicidad de Directivas de obligada transposición a las legislaciones de los Estados miembros. La más importante: la Directiva IPPC, o de Prevención y Control Integrados de la Contaminación (Directiva 96/61/CE) que no ha sido todavía transpuesta al ordenamiento jurídico español y que debería hacerse antes del 24/Septiembre/99, a los 3 años de la promulgación de la Directiva. Para consultar la legislación comunitaria existe un Repertorio de legislación en EUR-Lex, cuyo capítulo 15 está dedicado a la legislación medioambiental vigente.

Este capítulo, de normativa ambiental, es el que precisa mayor desarrollo y actualización: se trata de recoger los aspectos, existentes en la RED, relacionados con la normativa medioambiental a diferentes niveles:

- *Internacional (normas técnicas)*
- *Europeo (directivas y normas europeas)*
- *Estatal (legislación y normas españolas)*
- *Autonómica (legislación autonómica)*

En el nivel internacional, la normativa de medio ambiente que se está difundiendo rápidamente es la de la familia de Normas ISO 14.000 sobre Gestión empresarial del Medio Ambiente. Esta normativa va a jugar, en el área medioambiental, el mismo papel que ha jugado la familia de normas ISO 9.000 en el área de

Calidad. Además, se están dando pasos para la integración de estos dos grupos de normas.

En el nivel europeo, la mejor dirección para obtener información normativa es la de la Agencia Europea de Medio Ambiente.

En el nivel estatal, la normativa técnica se elabora por AENOR, que, por el momento, es la única institución acreditada para certificar la aplicación de normas en las empresas. AENOR desarrolla las normas UNE, entre las que se cuentan varias sobre Gestión medioambiental y auditorías, como las 77801 y 77802 de 1994. A partir del año 1996, UNE recoge las normas ISO 14.000 en español: UNE-EN ISO 14001, 10, 11, 12 y 40, así como las UNE 150001 a 150010 que son guías de uso para las normas medioambientales.

Todas estas normas se pueden pedir, a través de Internet, desde el catálogo de Normas UNE de Medio Ambiente.

En el nivel autonómico, hay que destacar la información suministrada por las instituciones catalanas, bien de la Consejería de Medio Ambiente de la Generalitat, bien de redes como las del Instituto Catalán de Tecnología que, además, cuenta con listas medioambientales sobre gestión, residuos y energía.

Por ejemplo, en Andalucía, la principal normativa es la Ley 7/1994 de Protección Ambiental, que se ha desarrollado en diversos Reglamentos: el Reglamento de Residuos con el Decreto 283/1995, el Reglamento de Evaluación de Impacto Ambiental con el Decreto 292/1995, el Reglamento de Calificación Ambiental con el Decreto 297/1995 y el Reglamento de Informe Ambiental con el Decreto 153/1996.

Ámbito internacional: El medio ambiente tiene un carácter internacional sumamente importante ya que, por un lado, la contaminación no conoce fronteras, y por otro, cada día más, los grandes problemas de la contaminación tienen un carácter planetario, lo que obliga a los Estados a reunirse de forma conjunta para acordar acuerdos globales que realmente serán los eficaces para solucionar los problemas.

Por ello, las diferentes organizaciones internacionales cada día están dando más importancia a los temas ambientales:

E. Organización de Naciones Unidas (ONU)

En 1972 (Conferencia de Estocolmo) fue concebido el Programa de Naciones Unidas para el Medio Ambiente (PNUMA) cuyo objetivo es apoyar, estimular y complementar la acción a todos los niveles de la sociedad humana, sobre todo los problemas de interés relacionados con el medio ambiente.

Bajo los auspicios de la ONU se celebró en 1992 la Conferencia de Naciones Unidas sobre Medio Ambiente y Desarrollo, celebrada en Río de Janeiro. De esta conferencia se obtuvieron los siguientes resultados:

-La Declaración de Río. Se trata de una declaración de los derechos y obligaciones colectivas, individuales y de los gobiernos en lo referente al medio ambiente y al desarrollo, y de responsabilidad para las generaciones futuras.

-Agenda 21. Se trata de un ambicioso plan de acción en el que se pretende establecer las acciones a realizar por los gobiernos y organizaciones internacionales para integrar el medio ambiente en el horizonte del siglo XXI.

-Convenio sobre el Cambio Climático y Convenio sobre Biodiversidad. Firmados por los jefes de Estado durante la Conferencia. Se trata de convenios vinculantes para los Estados parte.

F. Política europea de medio ambiente

El arranque de la política comunitaria de medio ambiente hay que encontrarlo en la cumbre de Jefes de Estado y de Gobierno celebrada en París en 1972. En dicha cumbre, se realizó una importante declaración que pone de manifiesto la necesidad de aplicar una política de protección del medio.

"La expansión económica, que no es un fin en sí, debe, prioritariamente, permitir atenuar la disparidad de las condiciones de vida. Debe traducirse en una mejora de la calidad y nivel de vida, concediéndose una atención particular a los valores y bienes no materiales y a la protección del medio ambiente, a fin de poner el progreso al servicio de los hombres".

Otra fecha importante es el 31 de octubre de 1972, cuando los ministros de medio ambiente de la CEE establecen los principios que regirán la actuación comunitaria en esta área.

A lo largo de los años, la CEE y después la UE ha desarrollado diferentes programas de acción en materia de medio ambiente que tienen su apoyo jurídico en los tratados constitutivos de la UE. El Primer Programa, para el periodo 1973-77, sienta las bases de la política y fija, en la reunión de Bonn de 31 de octubre de 1972, una serie de principios generales que definen la actuación comunitaria.

Los objetivos propuestos son los siguientes:
-Prevenir, reducir y, en la medida de lo posible, eliminar las contaminaciones y perturbaciones.
-Mantener un equilibrio ecológico satisfactorio y velar por la protección de la biosfera.
-Velar por la buena gestión de los recursos y del medio natural y evitar toda explotación de estos que impliquen perjuicios sensibles al equilibrio ecológico.
-Orientar el desarrollo en función de exigencias de calidad, en particular mediante la mejora de las condiciones de trabajo y del marco de vida.
-Tratar de tener más presentes los aspectos relativos al medio ambiente en la ordenación de las estructuras y del territorio.
-Investigar, con los Estados que no pertenecen a la Comunidad, unas soluciones comunes a los problemas del medio ambiente en el marco, en particular de las organizaciones internacionales.

La acción comunitaria se regirá en el futuro por estos principios:
Sin duda la **prevención**, como en sanidad, es la mejor política medioambiental. De esta forma, se evita tener que combatir posteriormente unos efectos que difícilmente se pueden dominar.

Principio de evaluación. Para prevenir es necesario primero estudiar la incidencia que todos los procesos técnicos de producción tienen sobre el medio ambiente para conocer sus posibles consecuencias.

Principio de utilización racional de los recursos naturales. Cualquier explotación de los recursos que entrañe un serio riesgo para el equilibrio ecológico debe evitarse.

Principio de vinculación a los conocimientos técnicos. Sólo los resultados científicos, perfectamente constatados, pueden servir de guía a las políticas de protección y compresión del medio ambiente y el equilibrio del ecosistema.

Principio de "quien contamina paga". Los costes ocasionados por la prevención y supresión de los daños deben ser asumidos por el causante de la contaminación.

Principio de solidaridad y de cooperación internacional. El medio ambiente no tiene fronteras, razón por la que la colaboración y el compromiso internacional resultan imprescindibles para lograr un consenso sobre las políticas que se deben aplicar en esta materia y también para responder solidariamente ante los retos que tienen los países, teniendo en cuenta los diferentes niveles de desarrollo de los Estados.

Principio de educación. La comprensión de los retos y amenazas a los que se encuentra expuesto el medio ambiente exige una política de información y comunicación que implique y comprometa a la sociedad.

Tratado de Roma: (constitutivo de la CEE). No contenía ninguna mención expresa a los poderes de las autoridades comunitarias en el campo del medio ambiente. Sí contiene, sin embargo, en la exposición de objetivos, las líneas maestras de la acción comunitaria. Su artículo 2 dice lo siguiente:
"La CEE tiene particularmente por misión promover un desarrollo armonioso de las actividades económicas en el conjunto de la Comunidad y una expansión continua y equilibrada, lo que no puede concebirse sin una lucha eficaz contra las contaminaciones y perturbaciones, ni sin mejorar la calidad de vida y la protección del medio".

Acta Única Europea: (1986). Tres nuevos artículos entraron a formar parte del Derecho comunitario, específicamente dirigidos a la protección del medio ambiente:
-Artículo 130R, que define los objetivos de la acción de la Comunidad en materia de medio ambiente:
Conservar, proteger y mejorar la calidad del medio ambiente

Contribuir a la protección de la salud de las personas

Garantizar una utilización prudente y racional de los recursos naturales

-Artículo 130S: exige la unanimidad de los Estados miembros para la adopción de las acciones que deba emprender la Comunidad en este ámbito.

-Artículo 130T: concibe la actuación de la Comunidad como un nivel mínimo, de tal manera que cada Estado miembro puede imponer en su territorio medidas de mayor protección.

Tratado de Maastricht: (1992). Entre sus objetivos se encuentra potenciar el desarrollo sostenible. "...Debe promoverse un desarrollo armonioso y equilibrado de las actividades económicas, un desarrollo sostenible y no inflacionista que respete el medio ambiente".

Tratado de Ámsterdam: (1998). Además de establecer como objetivo esencial de la Comunidad conseguir un desarrollo sostenible, en su artículo 6 establece la obligación de integrar las consideraciones medioambientales en el conjunto de las políticas sectoriales.

Además, la Comunidad Europea ha dictado numerosos Reglamentos, Directivas, Decisiones y normas de todo tipo en relación con el medio ambiente. Es inútil siquiera intentar enumerarlos, dado su elevadísimo número. Por citar algunos de los más conocidos e importantes:

-Directiva 85/337/CEE del Consejo, de Evaluación de Impacto Ambiental.

-Directiva 79/409/CEE del Consejo, relativa a la conservación de aves silvestres.

-Directiva 96/61/CEE del Consejo, relativa a la prevención y control de la contaminación.

-Directiva 91/271/CEE del Consejo, sobre tratamiento de Aguas residuales urbanas, etcétera.

G. Programas de actuación en materia de medio ambiente

Paralelamente al plano legislativo (Tratados y normas comunitarias), la Comunidad ha ido elaborando programas de actuación en materia de medio ambiente, los cuales recogen los principios de actuación comunitaria en materia ambiental. Hasta el momento se han elaborado seis programas, el último de los cuales, el VI Programa (2001-2010), establece el desarrollo sostenible como única forma de desarrollo compatible con la protección del medio, seleccionando cinco sectores a los que dirige sus medidas, por desempeñar un papel decisivo en la consecución del desarrollo sostenible. Estos cinco sectores son: agricultura, turismo, energía, transportes e industria.

Las prioridades del VI programa son las siguientes:

-Cambio climático

-Naturaleza y biodiversidad

-Medio ambiente y salud

-Preservar los recursos naturales y gestión de los residuos

Las claves de acción de este programa se encuentran en:

-Asegurar que la legislación existente sobre medio ambiente se incorpore al derecho nacional y se cumpla.

-Integrar el medio ambiente en todas las políticas y áreas de acción de la UE.

-Trabajar estrechamente con empresas y consumidores para identificar posibles soluciones.

-Garantizar y hacer más accesible una mejor información sobre el entorno para los ciudadanos.

-Desarrollar una actitud más comprometida sobre el uso de los suelos.

H. Organismos con competencias en materia de medio ambiente:

Dirección General de Medio Ambiente, Seguridad Nuclear y Protección Civil (DG XI). Comisión Europea: Es el órgano comunitario encargado de la ejecución del derecho comunitario en materia medioambiental, así como de elaborar propuestas legislativas. Esta labor la realiza mediante los medios formales o informales que el derecho comunitario pone a su disposición (propuestas, recomendaciones). Su sede está en Bruselas.

Agencia Europea de Medio Ambiente: Creada en 1990 por el Consejo Europeo, al objeto de crear una red europea de información y observación sobre el medio ambiente. Su función es dotar a la Comunidad y a los Estados miembros informaciones fiables que les permitan tomar las medidas necesarias para proteger el medio ambiente, así como el apoyo técnico necesario para este fin. Su sede está en Copenhague (Dinamarca).

Ámbito estatal: El derecho de todos a disfrutar de un medio ambiente adecuado, así como el deber de protegerlo es un principio rector del ordenamiento jurídico español, recogido en el artículo 45 de la Constitución española de 1978. Dicho artículo impone a los poderes públicos la obligación de velar por la utilización racional de los recursos naturales, con el fin de proteger y defender el medio ambiente. El grueso de competencias sustantivas en materia de medio ambiente reside en los Estados miembros de la Unión Europea. En España el grado de descentralización existente, obliga a distinguir cuidadosamente los ámbitos competenciales que en materia de medio ambiente corresponden a la Administración General del Estado, a las comunidades autónomas y a las corporaciones locales.

Administración General del Estado: El Departamento más importante de la Administración General del Estado en materia medioambiental es el Ministerio de Medio Ambiente, creado por primera vez en la historia de la organización administrativa española en mayo de 1996. Entre las competencias del Ministerio resaltan: La elaboración de la legislación básica estatal en materia de medio ambiente, así como la incorporación de la normativa comunitaria ambiental al derecho español.

Algunas de las leyes más importantes en materia medioambiental y que tienen consideración de legislación básica son:

- Ley de Evaluación de Impacto Ambiental, de 2000
- Ley de aguas de 1985
- Ley de costas de 1988
- Ley de residuos de 1998

- Ley de envases y residuos de envases de 1997
- Ley de contaminación atmosférica de 1972

Coordinación entre administraciones con las comunidades autónomas, la Unión Europea y organismos internacionales. Seguimiento de los convenios internacionales.

-La realización de las declaraciones de impacto ambiental de competencia estatal.

-La elaboración y seguimiento de los planes nacionales de residuos, suelos contaminados, planes hidrológicos, etcétera.

Otros órganos estatales con competencias medioambientales:

-Consejo Asesor de Medio Ambiente

-Consejo Nacional del Agua

-Comisión Nacional de Protección de la Naturaleza

-Consejo Nacional del Clima

Administración autonómica: La Constitución de 1978 (art. 148.1, 149.1, 149.3) abrió el principio de un proceso de descentralización: el Estado de las Autonomías, las cuales gozan de competencias en su ámbito territorial que hay que combinar con las que el Estado se reserva.

La mayoría de las comunidades autónomas, en el marco de su organización gubernamental, han creado Consejerías de Medio Ambiente o han incluido un órgano medioambiental dentro de una Consejería.

En cuanto a las competencias, entre otras, les corresponde:

- El desarrollo y ejecución de la legislación básica de la Administración General del Estado.
- La elaboración de estudios y proyectos normativos.
- La coordinación de la gestión ambiental en su ámbito.

Administración Local: Junto a las relevantes competencias en materia ambiental atribuidas al Estado y a las comunidades autónomas, la Administración local constituye un nivel territorial de Gobierno dotado de potestades públicas para la protección del medio ambiente.

Teniendo en cuenta la indudable presencia de intereses locales en la protección del medio ambiente, no debe extrañar que tanto las normas generales reguladoras del régimen local, como las numerosas y diversas normas sectoriales referidas a aquella protección, atribuyan relevantes competencias en relación con la misma a las entidades locales.

Algunas de estas competencias locales son:

- Servicio de limpieza viaria
- Recogida y tratamiento de residuos y de alcantarillado
- Protección de la salubridad pública
- Protección civil y extinción de incendios

I. Respuestas sociales y ciudadanas. Pautas de conducta sostenibles

Tradicionalmente, las instituciones han utilizado instrumentos de carácter normativo, disuasorio y coercitivo (normas, vigilancia, sanciones económicas) para promover comportamientos respetuosos con el entorno. No obstante, además de estos instrumentos es conveniente garantizar la adopción, por parte de los ciudadanos, de actitudes y comportamientos proambientales.

Por ello es necesario desarrollar instrumentos y métodos formativos basados en el aprendizaje social, la responsabilidad, la participación y la experimentación.

Entre otras cosas, la formación ambiental trata de que los ciudadanos adopten un estilo de vida ecológicamente responsable. Para ello, en el presente documento se proponen, a modo de ejemplo, una serie de actitudes y pautas de consumo sostenibles en todos los ámbitos en los que se desarrolla la vida humana. Para cambiar hay que saber, y para saber hay que entender.

Se trata de acciones sencillas de llevar a cabo y la mayoría sin coste, en realidad muchas de ellas suponen un ahorro de dinero. Algunas de estas actitudes y pautas sostenibles podrían ser:

Hogar:

Consumo de alimentos procedentes de sistemas agrícolas, ganaderos y pesqueros de bajo impacto sobre el medio ambiente (alimentos con denominación de origen, etcétera).

Elegir materiales de envasado correcto y con identificación clara (punto verde o símbolo del sistema de gestión).

Utilizar la energía más adecuada para cada uso. El gas es un tipo de energía más interesante que el carbón o el gasóleo, porque produce menos emisiones de contaminantes y ofrece un alto rendimiento. Incorporar sistemas de aislamiento en puertas, ventanas y fachadas (puede suponer un ahorro del 35% de la energía consumida).

Uso racional del agua:

En el cuarto de baño. Uso correcto del WC (supone el 30% del consumo total de una casa) evitando tirar por el sumidero residuos sólidos y tóxicos y peligrosos, incorporar cisternas ahorradoras de agua, etcétera.

Abrir y cerrar el grifo según la necesidad del agua, elegir la ducha antes que el baño, ajustar la temperatura del calentador, incorporar sistemas para reducir el caudal del agua y grifos o alcachofas de ducha ahorradoras de agua.

En la cocina. Llenar la lavadora y el lavavajillas completamente antes de ponerlas en funcionamiento, cerrar el grifo del fregadero cuando no se necesite agua, etcétera.

Gestión adecuada de los residuos generados:

Separación de los residuos orgánicos e inorgánicos de acuerdo con la Ley 11/97 de envases y residuos de envases, desechar las pilas usadas en contenedores especiales, depositar los envases de vidrio en los populares iglúes. El destino de los aceites utilizados en la cocina así el de los escombros deberá ser el punto limpio, etcétera.

Espacios de ocio y medio urbano:

Respeto del entorno natural, continuando con los hábitos responsables con el medio ambiente (prevenir incendios, no arrojar basuras o cualquier desperdicio, evitar molestar a los animales, no recolectar plantas o rocas, etcétera).

Es recomendable también utilizar alojamientos de tipo tradicional, ya que habitualmente cumplen una función de apoyo a la economía rural.

Para disfrutar de nuestra ciudad y mejorarla, es necesario colaborar con el cuidado de las zonas verdes, mobiliario urbano, monumentos, plazas públicas y, en general, todo aquello que contribuya a hacer el paisaje urbano más agradable.

Informarse sobre las iniciativas de mejora ambiental que se estén llevando a cabo en barrios o ciudades y colaborar con ellas.

Usos del suelo: urbanismo, ordenación del territorio, localización de industrias y espacios verdes, etcétera.

Transporte:

Ir caminando o en bicicleta a los sitios siempre que sea posible. Utilización del transporte público en trayectos cortos y en desplazamientos urbanos.

Si se utiliza el vehículo privado, compartirlo (la media de ocupación actualmente es de 1,3 personas).

Conducir de forma que ahorremos combustibles. El consumo es mínimo a velocidades entre los 60 y los 80 km/h y aumenta muy rápido si superamos los 120 km/h. Evitar los frenazos y acelerones bruscos. Evitar el uso de *bacas* ya que puede hacer consumir al motor un 35% más de energía.

Llevar el coche al taller con regularidad; una buena puesta a punto del motor aumenta el rendimiento de manera significativa, además la falta de presión en las ruedas también supone un consumo extra de combustible.

Adquirir el mejor vehículo posible desde el punto de vista medioambiental, considerando el consumo de combustible como uno de los criterios cruciales de elección.

Emplear sólo gasolina sin plomo (la gasolina con plomo estará prohibida en toda la UE a partir del año 2000).

Los aceites usados deben cambiarse siempre en el taller. Las baterías usadas deben depositarse en los puntos limpios, etcétera.

Centros educativos y de trabajo:

Acudir caminando o en bicicleta y en el caso de no ser posible utilizar el transporte público o vehículos privados compartidos.

Sería recomendable la implantación de sistemas de gestión medioambiental internos, que establecieran pautas de conducta medioambientales en cada centro educativo y de trabajo.

Utilizar papel reciclado a ser posible al 100%. Es fácil encontrar en las papelerías y su uso no es incompatible con fotocopiadoras ni impresoras. Utilizar el papel por las dos caras.

Aprovechar mejor las oportunidades que ofrecen las nuevas tecnologías informáticas (como el correo electrónico), etcétera.

Por otro lado, para facilitar la comprensión, sería recomendable la elaboración de guías de "buenas prácticas medioambientales" redactadas con un lenguaje sencillo y asequible para todos, que de forma atractiva facilite la comprensión de los principales procesos ambientales, distribuyéndose entre los destinatarios de los cursos.

Por último, habría que fomentar la colaboración con los organismos responsables (administración sanitaria, servicios contra incendios, protección civil) y las asociaciones locales, en la prevención de riesgos ambientales y amenazas para la salud, prevención de incendios, recogida selectiva de basuras, etcétera.

Principales riesgos medioambientales relacionados a las funciones de la carpintería

Prevención de Riesgos en la actividad de Carpintería

La carpintería presenta muchos de los riesgos para la salud y la seguridad que son comunes a la industria en general, pero con una proporción mucho mayor de equipos y operaciones de mayor peligro que la mayoría. En consecuencia, la seguridad exige una atención constante a los hábitos de trabajo por parte de los empleados, una vigilancia adecuada y el mantenimiento de un ambiente de trabajo seguro por parte de los empleadores.

Se ha observado que de forma general las naves donde se desarrollan las actividades de carpintería están cuidadas y limpias, son grandes, espaciosas, amplias, ordenadas y están bien ventiladas. En los pequeños talleres, no suele haber salida de polvo y aserrín ya que, el trabajo desarrollado se centra más en el montaje de los productos semielaborados que en la fabricación en serie y posterior montaje, como ocurre en las grandes naves.

Situación medioambiental de partida

Actualmente las empresas se ajustan a las normativas existentes en materia sanitaria y de prevención de riesgos. Se localizan por lo general en naves grandes y abiertas cuando son de almacenamiento y procesado de madera y cerradas cuando son talleres de fabricación de materiales constructivos, por lo que las condiciones de trabajo varían enormemente.

Los conocimientos sobre los temas medioambientales son escasos y las iniciativas en este sentido son pocas o nulas. El medio ambiente se ve como algo que se opone al desarrollo económico y cumplen todo aquello que viene de exigencias legales y no por iniciativa propia.

Los controles sobre la gestión medioambiental varían en función de las empresas, que han de responder ante el servicio de calidad ambiental de la Consejería de Medioambiente y Desarrollo Rural. En este sentido la legislación medioambiental la conoce y controla el 36% de los encuestados y el 34,7% siguen los criterios en cuanto al etiquetado y el almacenamiento. Tan sólo el 21,3% realizan declaración de residuos tóxicos y peligrosos y sólo al 4% les es necesario solicitar los permisos pertinentes de la Comunidad Autónoma.

Desde el punto de vista medioambiental la reutilización y el reciclado son acciones importantes a considerar en la gestión de los residuos de las empresas de todo tipo, más aún en las de la industria maderera, ya que, parte de los residuos se convierten en subproductos que son vendidos a otras empresas pero que bien podrían ser utilizados como fuente de energía.

La Unión Europea marca como pautas de la sostenibilidad a seguir, la reutilización de los recursos y el aprovechamiento de materias reciclables como son los subproductos provenientes de las industrias de aserrío, fabricación de muebles, carpinterías, restos de aprovechamientos forestales, etc. que se pueden usar como materia prima en la producción energética.

Por otra parte, el sector forestal mediante la certificación dirige los bosques hacia un uso sostenible, incorporando en los criterios de la cadena de custodia la utilización de subproductos.

En España las industrias del tablero son las que consumen una gran parte de los restos de madera producidos y en algunos casos se requiere de la importación de éstos para poder cubrir la demanda.

Esto genera competencia entre este sector y las plantas de biomasa forestal, aunque la gestión forestal da prioridad al reciclaje frente a la valorización energética.

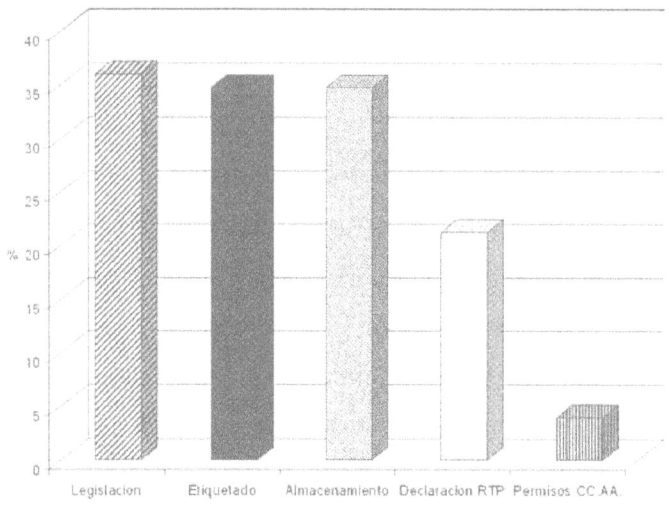

Relación de controles medioambientales realizados en una empresa

La Asociación Nacional de Fabricantes de Tableros (ANFTA) pretende informar a la sociedad y al sector forestal sobre el valor de los restos de madera y sus posibilidades de aprovechamiento. El Ministerio de Medio Ambiente elaboró la Estrategia Forestal Española y el posterior Plan donde se recogen aspectos de una política forestal sostenible marcando como importante la conservación y el uso sostenible de la diversidad biológica. El aprovechamiento correcto de los recursos naturales del monte no es incompatible con su conservación, sino complementario.

Actualmente los aprovechamientos forestales no son suficientes para cubrir las necesidades existentes.

España es deficitaria en partículas, virutas, aserrín y otros restos de madera, procedentes de las industrias de aserrío y transformación de la madera. Se debe fomentar un aumento de la producción de calidad y la utilización de materiales recuperados que aumenten esta producción y disminuyan las necesidades existentes.

A través de la Estrategia se "establece la necesidad de la información y conocimiento de la madera como recurso renovable y reciclable".

El fomento del reciclado de la madera frente a otros posibles usos, como la valorización energética, se encuentra presente en todos los ámbitos productivos españoles mediante el desarrollo de los preceptos marcados por la Ley de Residuos 10/1998 de 21 de abril.

La Ley de montes de 2003 ya recoge aspectos de la gestión de la madera como recurso natural y fomenta la reutilización y el reciclado de los restos de madera.

Las industrias forestales deben garantizar una oferta de materia prima segura y competitiva. Es vital valorar correctamente la disponibilidad de los recursos forestales para otros usos como el energético.

"Los recursos renovables como el suelo, el agua, el aire y la madera soportan una fuerte presión de la sociedad humana. Se necesita una estrategia centrada en las medidas que garanticen una explotación más sostenible de los recursos" (VI Programa de Medio Ambiente, 2001).

Algunas de las directrices que están siendo adoptadas en el sector del tablero español es realizar un aprovechamiento íntegro de la madera, utilizando los restos de madera como materia prima de su industria y los subproductos forestales, sin otra utilización posible como fuente de energía para la propia industria.

Los consumidores pueden marcar la pauta comprando productos más ecológicos y para ellos deben contar con información compresible, transparente y sencilla sobre las ventajas de estos productos sobre el medio. Las industrias de la madera deberán hacer un esfuerzo de divulgación, acercarse al consumidor y explicarles las características medioambientales de sus productos, para que puedan elegir con criterio.

La Comisión Europea propone la utilización de instrumentos económicos como impuestos, tasas y subvenciones para asegurar que la alternativa del reciclaje sea competitiva con respecto a otras formas de eliminación. Estas medidas contribuyen a que las industrias de aserrío, el tablero y la pasta de papel compitan con la opción de utilizar los restos de madera como combustible en las plantas de biomasa forestal. Esta opción está subvencionada y se pueden comprar los restos de madera para ser usados como combustible.

Análisis de la problemática medioambiental de materias primas y equipos

Materias primas

La madera es la materia prima fundamental utilizada por la empresa de este sector empresarial.

El 96% de las empresas encuestadas emplean madera en la elaboración de sus productos. La procedencia de esta materia prima es diversa, un 32,4% procede de España y en segundo lugar de América del Norte con el 21,1% seguido del resto de la Unión Europea (salvo países escandinavos) 18,3%. En el último grupo destacan las maderas procedentes de Sudamérica usadas en el 12,7% de las empresas. Se importa casi un 7% de madera procedente de África, que es utilizada con fines decorativos. Existen otros orígenes de la madera como son los países escandinavos (Finlandia, Suecia y Noruega) con el 4,2% y un 2,8% procede de los países del Este. Además de otras procedencias de menor importancia como son la madera originaria de Asia, utilizada para ebanistería o actuaciones muy concretas. En el gráfico siguiente puede observarse esta relación.

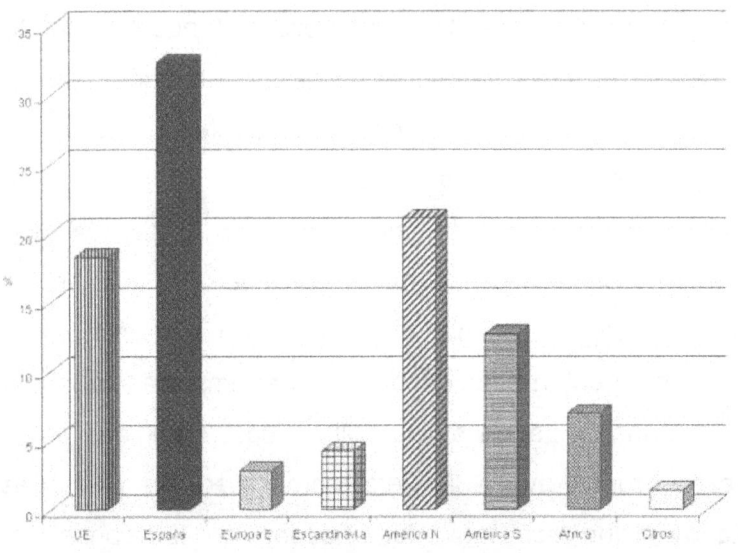

Procedimiento de la madera

Se habla del tipo de madera pero no de los porcentajes utilizados de cada una de ellas. En las industrias de aserrío se utiliza madera del país, mucha de la cual es de la provincia de Cuenca pero fuera de ésta, la materia prima va en función de la demanda de los clientes y del precio. Utilizando un volumen mucho mayor de maderas de otros países y no tanto española, debido a factores como son el precio y la oferta limitada de la misma. Así mismo, se debe resaltar que las especies utilizadas en el proceso productivo no siempre son autóctonas, sino que muchas de ellas o bien son cultivadas en algunas regiones españolas, o son importadas de otros países. Entre las especies autóctonas más empleadas procedentes de la provincia está el pino de Cuenca o laricio (Pinus nigra Arnold). Dentro de las especies procedentes de otras regiones de España o importadas destacan el pino de Valsaín o albar (Pinus sylvestris L.), el pino gallego (Pinus pinaster Aiton), el roble americano (Quercus rubra L.), el pino mellis (Larix occidentalis Nutt.), las maderas procedentes de Suecia (pino albar), las frondosas africanas como el Iroko (Clorophora excelsa Benth & Hook.F. o Clorophora regia A. Chev), la Bubinga (Guibourtia demeusei J.Leonard), el Embero (Lovoa trichilioides Harms), el Sapelli (Entandrophragma candollei Harms), etc.

Últimamente están adquiriendo una gran importancia la madera de castaño (Castanea sativa Mill.), nogal (Junglans regia L.), cerezo (Prunus avium L.), etc. como maderas aserradas de calidad y que son muy demandadas en la fabricación del mobiliario y elementos decorativos.

A pesar de esta diversidad en el origen de la madera, el 78,7% de los encuestados llevan registros del origen, tipo, cantidad y coste de las materias primas utilizadas, aspecto muy positivo que influye en la buena gestión interna de la empresa.

Sin embargo, estas empresas no exigen a sus proveedores una documentación detallada de la materia prima utilizada, pues sólo el 16% piden las fichas de datos de seguridad de los productos. Porcentaje escaso si se tiene en cuenta que el 61,3% utilizan colas y pegamentos y que el 30,7% usan barnices y pinturas. Contrariamente sí solicitan certificados de calidad en el 49,3% de los casos. Pero hay escasas empresas que utilicen productos de Gestión Forestal Sostenible (GFS) tan sólo el 14,7% y muchas de ellas tampoco se plantean la utilización de madera certificada, salvo que venga determinado por exigencias específicas de su cliente.

La falta de adquisición de madera certificada también puede deberse a una insuficiente información como se observa en el apartado de este estudio. Entre las ecoetiquetas que puede llevar esta materia prima están las otorgadas por AENOR (Asociación Española de Normalización) para aspectos medioambientales, la certificación forestal española FSC (Consejo de Gestión Forestal), la certificación a nivel europeo PEFC (Certificación Paneuropea Forestal), además del ángel azul escandinavo, etc.

Junto con madera, barnices o pegamentos también se emplean tableros de PVC y fibras en el 6,7% de los casos o tableros de aglomerado (MD) y conglomerado en un 48% de las empresas. Dada la gran importancia que tiene el subsector dedicado a la fabricación de puertas y ventanas el 32% de las empresas analizadas usan herrajes en sus productos finales.

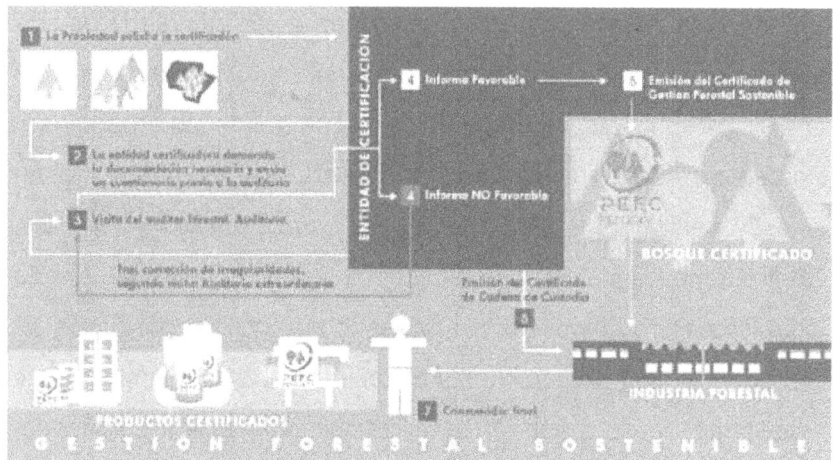
Esquema de certificación Paneuropea

Mecanismos de protección de la madera

La madera es muy resistente a ambientes agresivos, así como a los productos ácidos o a los salinos, pero resulta muy vulnerable al ataque de muchos insectos como son la carcoma, las termitas o los escolítidos. Es también susceptible de sufrir ataques de hongos que producen la pudrición de la madera o el azulado de la misma, dando lugar estos últimos a una pérdida de calidad de la madera (coloración), aunque no de su resistencia.

Entre los agentes de deterioro de la madera están los abióticos, que son la exposición al sol y la humedad. El primero produce un cambio de color y textura en la superficie y el segundo deforma las piezas, altera su acabado superficial y favorece la aparición de agentes bióticos.

Los agentes bióticos son los hongos que pueden ser cromógenos como el azulado que cambian el color pero no afectan a ninguna de las cualidades de la madera y los de pudrición que se alimentan directamente de la madera y alteran sus características físicas. También hay insectos como las polillas o las termitas que en esta región no afectan y que perforan la madera en su interior realizando galerías y pequeños o grandes agujeros según la especie de que se trate.

Hay que proteger a la madera de los factores anteriormente citados realizando un correcto diseño constructivo de las instalaciones de almacenaje que permita mantener la madera ventilada evitando condensaciones y la humedad provenientes de goteras, filtraciones, etc. Pero también se deben cuidar las canalizaciones de las recogidas de agua o el contacto directo de la madera con el suelo.

Además de la **humedad** hay que tener en cuenta otros factores como son:

Luz. La madera se protege oscureciendo con lasures las vetas o colocando alrededor de ella plásticos opacos.

Fuego. Para proteger los productos elaborados con madera del fuego se eleva el punto de entrada en combustión de ésta mediante la utilización de sales y así varía su comportamiento ante el fuego de M4 (fácilmente inflamable) o M3 (medianamente inflamable), hasta M2 (difícilmente inflamable) o M1 (no inflamable).

Xilófagos. Se han venido utilizando para evitar los ataques de insectos compuestos organoclorados, sustituidos actualmente por resinas piretroides que son menos contaminantes. En el caso de los hongos se emplean fungicidas que están compuestos mayormente por cobre, zinc, boro y arsénico, con importantes efectos negativos para el medio ambiente, por ello se recomiendan otros productos como aquellos que están compuestos a base de cera de abejas, propóleo y carnauba entre otros, porque son desinfectantes, fungicidas y antixilófagos y además no contienen ningún hidrocarburo aromático.

Estos productos son sustancias químicas que tienen propiedades biocidas y que también aumentan la resistencia frente a los agentes atmosféricos. Pero tan sólo el 6,7% de los encuestados emplea tratamientos fúngicos y antixilófagos para sus productos, ya que la madera que utilizan está tratada (excepto en el caso de los aserraderos).

En el análisis efectuado se ha observado que no todos los almacenes disponen de sistemas de detección y control de incendios y muy pocos cuentan con sistemas de control de la humedad. Estos aspectos deberían controlarse más, debido a que la humedad puede producir la proliferación de hongos y el fuego es uno de los mayores enemigos de la madera.

Los criterios que se siguen para sacar la madera del almacén y pasarla al proceso productivo son fundamentalmente dos: el tipo de producto en fábrica y su nivel de sequedad, requiriéndose en este aspecto unas condiciones de humedad máximas de 13 ºC.

La madera y palets de madera, aglomerado o pvc en el 89,3% se almacenan a cubierto para así evitar deterioros de la madera. El 10,7% de las empresas restantes no tienen todas las fases de su proceso de producción bajo cubierto, como es el caso de los aserraderos. En el caso de la utilización de productos peligrosos el 42,7% los almacenan de forma separada del resto de las materias primas y bajo cubierta.

El 90,7% de los encuestados saben que los sistemas de detección y control de incendios son importantes más aún en el almacén y trabajando con una materia prima tan combustible.

En lo que se refiere al aprovechamiento de la madera, conforme indican los encuestados, ésta va a depender del proceso de fabricación utilizado, del diseño del producto, etc. En líneas generales se podría decir que se utiliza el 85% de la madera recibida, mientras que el 15% restante no se emplea debido a causas diversas como son el proceso de transformación de la madera, el despiece atendiendo a los defectos propios de la materia prima (nudos saltadizos, fibra revirada, etc.), mal almacenamiento, traslado de la materia prima desde fábrica a almacén o la realización de un uso inadecuado de la madera. Del total de madera recepcionada existe un pequeño porcentaje que se pierde: un 13,6% de las empresas no presentan pérdidas y un 60,6% de las mismas tienen pérdidas inferiores al 10%.

El aprovechamiento de la madera depende en parte de la naturaleza de la madera como sugiere el 59,5% de los encuestados pero también del proceso de fabricación y diseño en otro 58,1% de los procesos. Las demás causas asociadas vienen determinadas por un suministro defectuoso del producto, por el traslado y en menor medida por el almacenamiento y la utilización inadecuada. Estos últimos son los de menor porcentaje ya que, al empresario le interesa el ahorro de materia prima y realizar una buena transformación del tablero de madera que les llega en unos casos, o de troncos en otros. En el procesado de la madera en rollo es donde se pierde más materia prima especialmente si no lleva un previo secado, puesto que debe ser secada, serrada y alistonada. Además hay que contemplar aspectos en su transformación como la fibra revirada, nudos saltadizos, pudriciones, deformaciones en el tronco, etc. En el caso de la fabricación de mobiliario uno de los encuestados apreció pérdidas de madera dependiendo de las especies utilizadas, en el caso de madera de roble del orden del 40%, en el caso de madera de nogal del 35% y en el caso de madera de pino entre el 20-25% de pérdidas. Muchas de estas pérdidas se convierten en residuos o subproductos para la propia empresa bien vendiéndolos a otras industrias o bien dentro de sus procesos internos. La calidad de la madera recibida y por lo tanto la cantidad aprovechable de la misma depende muchas veces del lugar de procedencia. Los países escandinavos tienen altos niveles de calidad y la madera procedente de los mismos suele venir certificada por normas de calidad internacional y certificación forestal. Mientras que la procedente de Rusia o de países del Este presentan deficiencias en la calidad del producto y en la falta de uniformidad de las medidas y calidades suministradas. Bajo estas premisas se observa claramente como los empresarios prefieren mercados que garanticen la calidad del producto adquirido, aunque tenga mayores precios y por ello sólo el 2,8% compra productos a países de la Europa del Este. Se intentan conseguir las menores pérdidas posibles pero al mismo tiempo no se pueden controlar las materias primas que se compran ya que, van en función de la demanda del cliente y en este sentido sólo un 17,3% afirma incorporar criterios de reducción de pérdida para la adquisición de materias primas en su empresa.

Equipos e instalaciones

Entre la maquinaria con la que cuentan los talleres destacan: las sierras, tupis, perfiladoras, calibradoras, cepilladoras, moldureras, aspiradores individuales, lijadoras, taladradoras, compresores, prensas o bancos hidráulicos, etc. Tienen también equipos de medida de humedad y de calibración los cuales utilizan para realizar inspecciones sobre la materia prima o el producto final. Las empresas encuestadas han ido incorporando a lo largo de los últimos años nueva maquinaria para ajustarse a las normativas europea y nacional aplicables al sector, pero aún les falta realizar un amplio proceso de adaptación, ya que, se puede señalar que del total de las empresas analizadas, solamente el 48% de las mismas cuentan con equipos homologados, es decir, que disponen del marcado CE. Esta homologación no suele abarcar a la totalidad de las máquinas, salvo que sean fábricas de nueva planta, puestas en marcha con posterioridad al año 1992 y cuya maquinaria entonces no fuera de segunda mano.

Los empresarios del sector son conscientes de la necesidad de que sus máquinas y equipos de trabajo, cuenten con el marcado CE, ya que ello les supone unos beneficios de tipo laboral (mayores medidas de seguridad en los equipos, disminución de riesgos de accidentes, etc.), unos beneficios empresariales (productos mejor acabados, mejor aprovechamiento de las materias primas, etc.) y unos beneficios medioambientales (reducción de emisiones de ruido o polvo, mayor eficiencia energética, etc.). Así mismo los propietarios son conscientes de la necesidad de que las máquinas y equipos de trabajo utilizados cumplan las exigencias europeas y nacionales aplicables al respecto. Sin embargo, la realidad encontrada es otra, el nivel de tecnificación de los equipos y máquinas empleados en el proceso productivo es escaso y la utilización de las nuevas tecnologías en aspectos como la producción (máquinas de control numérico), diseño (utilización de programas de diseño asistido por ordenador), comunicaciones (uso del correo electrónico), o gestión interna de la empresa (herramientas ofimáticas) es limitada. No obstante, el proceso de implantación es progresivo y supeditado a las necesidades de carácter estructural de la propia empresa.

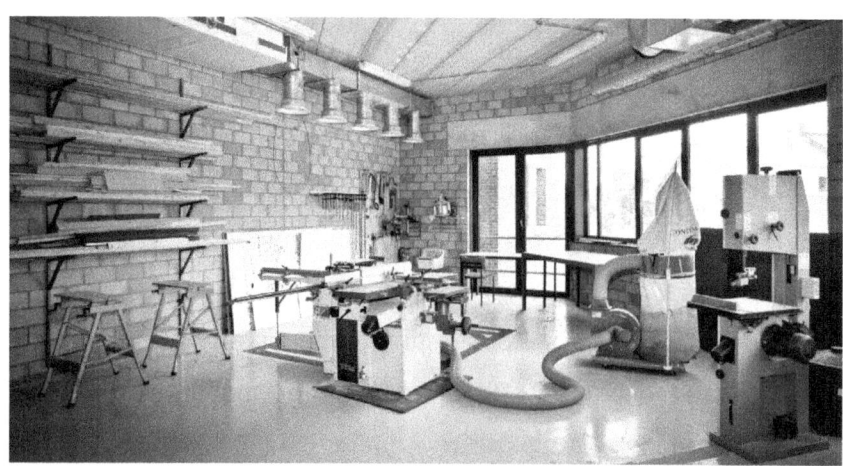

Carpintería con tecnología moderna

El personal de cada puesto de trabajo se asegura de mantener en buen estado las herramientas y maquinaria que utiliza habitualmente, así como de comunicar al responsable de fabricación cualquier deterioro o daño que pueda producirse en las mismas. En el caso de los pequeños talleres es el propio titular de la actividad el que se encarga de realizar las labores de mantenimiento y control de los diferentes equipos y herramientas utilizados. En cuanto a las reparaciones suelen ser realizadas por personal externo, cuando no pueden serlo por el personal interno. Las operaciones de mantenimiento de los equipos de trabajo, máquinas e instalaciones son vitales para el buen desarrollo de las actividades y así lo ha considerado el 64% de los encuestados, ya que si no se llevarán a cabo, ello repercutiría en averías constantes y en una disminución de la capacidad productiva de la propia empresa. En este sentido, señalar que al inicio de la actividad se suelen realizar una revisión general y un engrase y ajuste de los equipos, además los días de menor carga de trabajo son utilizados para llevar a cabo las revisiones más detalladas y la limpieza de los equipos.

En este tipo de labores el personal cualificado y encargado de las mismas utiliza las instrucciones técnicas de mantenimiento para las máquinas, que han sido suministradas por el fabricante juntamente con el equipo o maquinaria, en el momento de su adquisición. En el caso de no disponer de estas instrucciones técnicas se siguen las recomendaciones establecidas por el responsable de fabricación de la empresa.

Gestión del agua

En la gestión de los recursos utilizados en el proceso productivo es esencial llevar a cabo un control de los consumos de agua y energía.

Entre las empresas analizadas se ha detectado que muchas de ellas tienen problemas a la hora de poder disponer de un abastecimiento de agua adecuado (dificultades de acceso a la red general de abastecimiento). Esto hace que el propio empresario sea el que deba invertir en dotarse de los medios que le posibiliten disponer de forma constante de un suministro de agua potable. Lo que le hace llevar a cabo inversiones en la construcción de sistemas de almacenamiento o preocuparse más por el consumo que se hace de este recurso.

Dentro del ámbito de la gestión interna de las empresas el 6,7% de las mismas utiliza algún sistema de reducción del consumo de agua y el 68% lleva a cabo un control y registro del consumo mensual.

Este control se realiza mediante el examen de las facturas, sistema también utilizado en el caso de la energía. Las industrias de aserrío no realizan lavados en las distintas fases del procesado de la madera y solamente el 1,3% reutiliza las aguas residuales o bien aplica alguna medida para reducir su volumen.

En el gráfico que sigue a continuación se pueden ver las diversas actuaciones que se aplican en las empresas para el control del consumo y uso de las aguas.

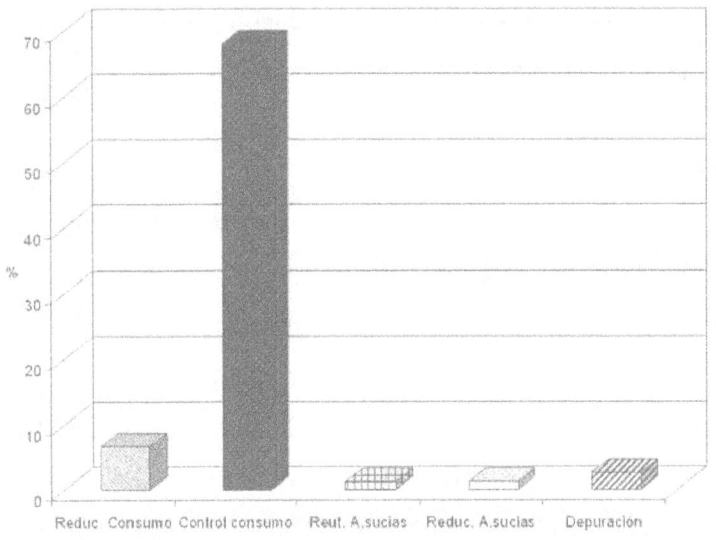

Gestión del agua

Como puede observarse las actuaciones llevadas a cabo se centran casi exclusivamente en el control del consumo, ya que apenas un 7% utiliza algún mecanismo o tecnología que les permita reducir el consumo y solamente el 2,7% depura las aguas de los procesos productivos antes de su vertido a la red de alcantarillado. Apenas un 1% reutiliza las aguas sucias o utiliza alguna tecnología para reducir las aguas sucias generadas. Si a lo expuesto se le une el hecho de que la mayoría de los pueblos de la provincia de Cuenca en el momento actual no cuentan de forma operativa con depuradoras de aguas, este hecho da lugar a que las aguas residuales de las diferentes poblaciones puedan encontrarse cargadas de residuos orgánicos y de otros compuestos tóxicos procedentes de estas empresas como pueden ser los sobrantes de barnices o pinturas, siempre y cuando no se realice una gestión adecuada de estos productos durante su utilización en el proceso de producción.

Gestión de la energía

Al igual que se ha señalado al hablar de la gestión del agua un 84% de los encuestados realizan un control del consumo de energía que se lleva a cabo en sus instalaciones, pero únicamente el 17,3% aplica algún tipo de medidas que permitan la reducción del consumo energético y sólo el 2,7% se ha planteado el utilizar en su actividad algún tipo de fuentes de energía renovables

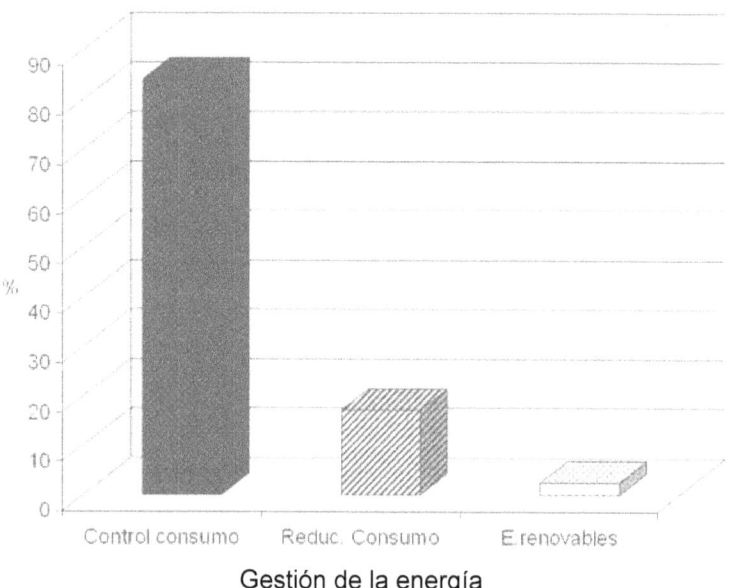

Gestión de la energía

Esta postura choca de forma frontal con las previsiones establecidas en la Directiva 2001/77/CE que establece que para el 2010 un 29,4% de la electricidad española debe ser de origen renovable, también contempla este aspecto el Plan de Energías Renovables con una periodo de vigencia de 2005 a 2010.

Para potenciar la utilización de estas fuentes energéticas la Orden de 22 de diciembre de 2005 de la Consejería de Industria y Tecnología de la Junta de Comunidades de Castilla-La Mancha ha establecido una serie de ayudas para el aprovechamiento de energías renovables en Castilla-La Mancha, a los proyectos relacionados con energía solar térmica, energía solar fotovoltaica, energía eólica, energía eólico-fotovoltaica, energía mini hidráulica y energía de biomasa (ver capítulo de conclusiones). De esta manera se facilita a los empresarios adoptar medidas de mejora tanto de los sistemas eléctricos como de los sistemas de producción de agua caliente.

Con respecto a la aplicación de medidas de ahorro energético se suele utilizar la luz natural que es aprovechada en la medida de lo posible, ya que las naves permanecen abiertas, son altas y ello permite una gran iluminación. En cuanto al uso de energía eléctrica las medidas empleadas son: instalar lámparas de bajo consumo (básicamente fluorescentes) y mantener paradas las máquinas cuando no se están utilizando. Por otro lado, en ocasiones existen unas precarias condiciones de las infraestructuras eléctricas que originan interrupciones en el suministro y dan lugar a paradas en el proceso productivo, lo que afecta de forma directa e indirecta a la producción y a la propia vida de los equipos de trabajo y máquinas utilizadas.

Residuos madereros y asimilables a urbanos

Al hablar de fábricas de transformación de la madera el residuo generado en mayor volumen es el aserrín, seguido de los restos de madera y de las virutas. Es decir el 93,2% de las empresas produce aserrín, mientras que las virutas son producidas por el 68,9% y los restos de madera por el 74,3%. Del total de los residuos generados un 43,2% de los empresarios manifiestan que venden este tipo de residuos a otras empresas, lo que pone de manifiesto que se dispone de un subproducto fácilmente reutilizable para otros procesos productivos. Así mismo, hay que tener en cuenta que los pequeños talleres destinan este aserrín y virutas para cama de los animales, encender las estufas en invierno o echar en el suelo de los locales cuando llueve.

Como se ha señalado algunos de los residuos o subproductos generados son entregados a otras empresas que los utilizan en sus procesos de producción. Pero en otras ocasiones como es el caso de los residuos generados como consecuencia del lacado o barnizado, o del montaje de las piezas, los empresarios del sector suelen pagar porque se les retiren estos residuos que muchas veces tienen el carácter de tóxicos y peligrosos. Cabe destacar que el 18,7% de los encuestados afirman pagar por esta retirada de residuos tóxicos y peligrosos generados en su actividad.

Atendiendo a las actuaciones que se siguen en materia de gestión de residuos se observa que el 8% de las empresas no realiza ningún tipo de gestión respecto a sus residuos y el 2,7% realiza tanto operaciones de venta de residuos como de pago por la retirada de los mismos, siendo muchas de estas empresas las que en sus procesos de producción abarcan desde el corte de los tableros hasta su montaje final en destino, pasando por las diversas fases de transformación, montaje y barnizado.

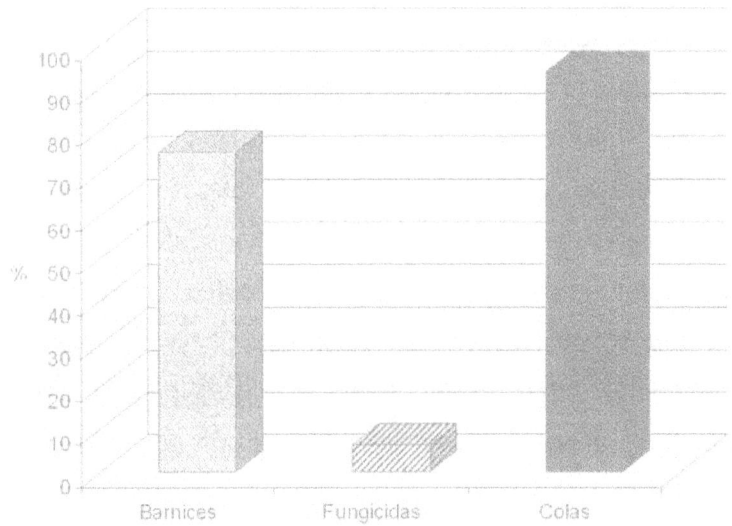

Relación del uso de productos tóxicos y peligrosos

Sensibilización en materia de valorización de los residuos

Puede observarse en el gráfico siguiente que la concienciación en materia de reciclaje está bastante lejos de ser la idónea y por tanto es un ámbito en el que debe mejorarse bastante, ya que, sólo el 10,7% de los encuestados reciclan, pero se debe destacar que reutilizan el 18,7% de sus residuos lo cual es a veces casi más importante, al contribuir de esta forma a la menor generación de residuos en su localidad.

Por otro lado, el 10,7% de las empresas realizan un tratamiento medioambiental de los residuos y el 17,3% llevan un registro de los tipos y cantidades de residuos producidos. Antiguamente se quemaba parte del serrín en la propia fábrica o taller, hoy día esto ya no se puede llevar a cabo por al alto riesgo que ello conlleva el tipo de materiales con los que se trabaja.

Residuos tóxicos y peligrosos

Aquellas empresas que utilizan residuos peligrosos como es el caso de los barnices, están obligadas a efectuar la correspondiente declaración de residuos tóxicos y peligrosos, así como a tener estos productos almacenados y etiquetados convenientemente. En este sentido se destaca que el 75% de los encuestados que usan barnices y pinturas realizan la correspondiente declaración, así como el 6,3% de los que utilizan fungicidas y antixilófagos y el 93,8% de los que usan colas y pegamentos.

Estos valores son importantes si se tiene en cuenta que usan barnices y pinturas el 30,7% de los encuestados; pegamentos y colas el 61,3% y fungicidas y antixilófagos el 6,7%.

Pero si se tienen en cuenta otros aspectos relacionados con la gestión de los residuos peligrosos como son el etiquetado y el destino que se da a los mismos, se observa que la gestión que se lleva a cabo es deficiente pues del total de empresas encuestadas solamente el 21,3% realiza declaración de residuos tóxicos y peligrosos, porcentaje que debería ser más alto a tenor de los datos anteriormente expuestos relativos al uso de productos tóxicos (barnices, colas, pinturas, etc.). En este sentido, de las empresas que realizan declaración de residuos el 87,5% realiza un etiquetado adecuado de los residuos peligrosos generados, pero solamente pagan por su retirada el 68,8% de estas empresas.

De todo esto se infieren dos conclusiones:

El porcentaje de empresas que efectúa una declaración de residuos tóxicos y peligrosos es bastante bajo partiendo del hecho de que todas ellas los producen (aceites de máquinas, colas, masillas, disolventes, etc.), por ello existe una fuerte necesidad de sensibilizar a los empresarios del sector en este ámbito, y de mejorar de forma sustancial la gestión de los residuos tóxicos y peligrosos.

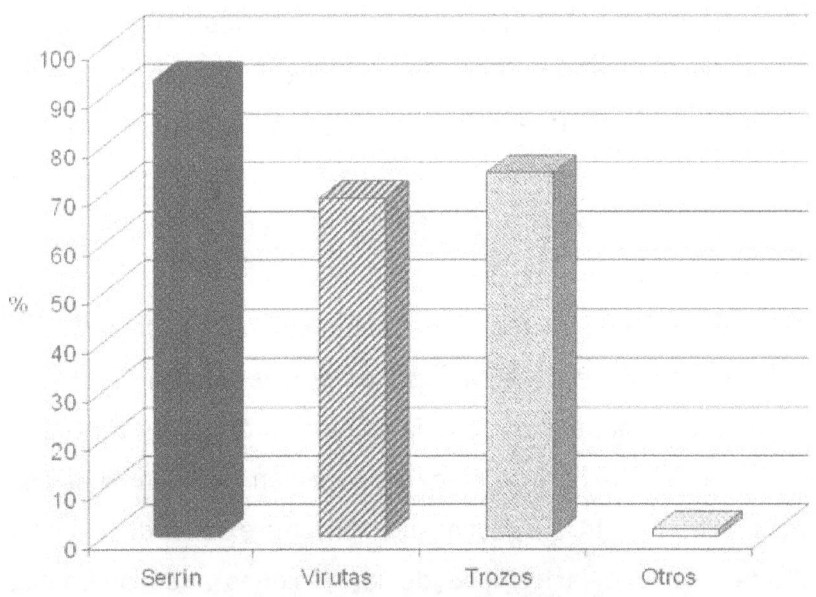

Tipos de residuos de las madereras

De las empresas que efectúan la declaración no todas etiquetan los productos tóxicos y peligrosos, aspecto que supone un incumplimiento de la normativa aplicable, pues todos estos residuos deben estar correctamente identificados con arreglo a la normativa vigente.

Esta percepción puede cambiar si se tiene en cuenta la totalidad de las empresas analizadas y la relación existente entre gestión externa y etiquetado. Actualmente en el 54,7% de las industrias de transformación maderera la retirada de los residuos tóxicos y peligrosos generados se lleva a cabo por una empresa externa, pagando por esta retirada el 18,7% de las empresas analizadas. Estos residuos son fundamentalmente productos peligrosos que deben estar almacenados en bidones convenientemente localizados y etiquetados en la empresa, aspecto que sólo cumple el 26,7% de las empresas muestreadas. Lo que sí existe es una clara conexión entre realización de una etiquetado o identificación adecuada de los residuos con la gestión externa, ya que en el 95% de los casos que se realiza la identificación correcta de los residuos se produce su retirada por empresas externas.

Partiendo de esto, señalar que la existencia de un mayor grado de implicación a la hora de efectuar la gestión medioambiental se debe trasladar tanto a la gestión interna como externa de la propia actividad, ya que la totalidad de los residuos adecuadamente identificados son retirados por empresas externas.

Por otro lado, se ha observado que en el caso de realizar trabajos con barnices se dispone en las instalaciones de los contenedores de recogida adecuados y en algunos casos se está a punto de adquirirlos. También se debe indicar que en casos más bien puntuales no se toma ningún tipo de precauciones ni en las labores de manipulación de estos productos durante el trabajo, ni en el vertido de los residuos generados puesto que éstos van directamente al contenedor de los residuos urbanos.

Finalmente señalar que algunos empresarios que no están dados de alta como productores de residuos o que no disponen de contenedores para su recogida, llevan los residuos generados a otras empresas que sí cuentan con bidones o contenedores adecuados.

Contaminación

En cuanto al tipo de contaminación que se puede producir en estas empresas el 5,3% de las personas encuestadas afirma conocer las sustancias que pueden originar la contaminación de los suelos o de las aguas, aspecto que influye en que solamente el 6,7% de los encuestados tienen identificados los puntos de la empresa donde se pueden producir derrames o vertidos que contaminen los suelos y las aguas, habiendo adoptado las medidas de precaución adecuadas, como la impermeabilización de los suelos o la realización de drenajes del terreno. Pero independientemente de los valores anteriormente expuestos el 75% de los encuestados conoce la forma y las sustancias que se deben utilizar para evitar contaminar los suelos y las aguas, y además tienen identificados aquellos lugares de sus instalaciones donde pueden producirse posibles derrames. Estos valores no vienen determinados por el tipo de formación medioambiental que se haya recibido previamente en las empresas, sino que es más bien propio de la experiencia adquirida en el propio puesto de trabajo, es más, los resultados que se han obtenido permiten afirmar que a mayor formación medioambiental existe una menor consideración de los aspectos anteriormente señalados.

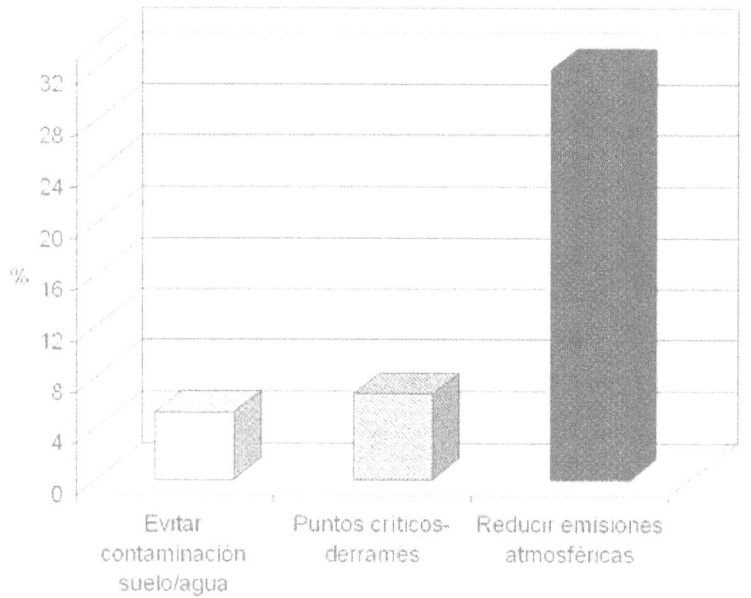

Emisiones a la atmósfera

Dentro del ámbito de la contaminación la mayoría de los encuestados no consideran que su actividad sea la causante de algún tipo de contaminación del suelo, del aire o de las aguas, ya que la mayor parte de los productos expulsados a la atmósfera son polvo y agua, y en menor medida humos y otros gases diversos. A pesar de ello el 32% de las empresas han mejorado en los últimos años sus sistemas de aspiración y filtración, de manera que se ha producido una reducción de forma substancial de las emisiones que se venían realizando a la atmósfera.

Del mismo modo la contaminación acústica tampoco es considerada como un factor contaminante, esto ha dado lugar a que sólo en el 4% de las empresas analizadas se hayan adoptado hasta el momento medidas para reducir los ruidos que se originan en su actividad.

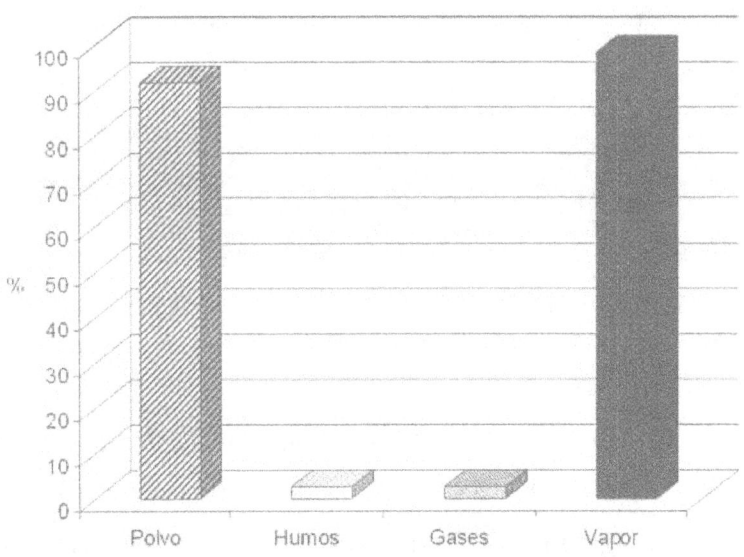

Tipos de productos expulsados a la atmósfera

Conclusiones

En relación con lo expuesto en materia de contaminación ambiental y sus efectos sobre la población en general, se afirma lo siguiente:

Las empresas se pueden aglutinar en dos grandes grupos las existentes dentro de los cascos urbanos y las ubicadas dentro de los polígonos industriales. Aunque la mayoría de empresas que desarrollan esta actividad al ser pequeños talleres se encuentran situadas dentro de los cascos urbanos y en muchos de estos casos es la continuación de una actividad familiar tradicional.

Carpintería con precariedad en seguridad y contaminación ambiental

Las medidas adoptadas por las empresas del sector para reducir o eliminar los efectos derivados de la contaminación ambiental son de tipo tanto interno como externo a la empresa. Dentro de las medidas internas adoptadas para reducir los efectos del polvo y del ruido sobre los trabajadores de forma general se ha optado por la utilización de los EPI (Equipos de Protección Individual como son máscaras, cascos, etc.), por ir substituyendo progresivamente las máquinas viejas por otras más nuevas y menos ruidosas y por mejorar los sistemas de aspiración de polvo. Para reducir los efectos sobre la población en general las medidas adoptadas se han centrado en la mejora de los equipos de almacenaje de polvo y aserrín. En los pequeños talleres, dado su menor volumen productivo y teniendo en cuenta que el tipo de actividad está más dirigida a montaje, ebanistería, barnizado, etc. no suponen un grave problema a los vecinos colindantes o al menos no se han presentado quejas.

Herramientas de carpintería ordenadas en un tablero

AUTOEVALUACIÓN

Protección medioambiental. Nociones básicas sobre contaminación ambiental. Principales riesgos medioambientales relacionados a las funciones de la categoría.

---

1. De los siguientes términos uno no pertenece a la terminología Medioambiental.
 a) Ecosistema.
 b) Hábitat.
 c) Energía renovable.
 c) Ninguna es correcta
 d) Todas son correctas.

2. A que se denomina: Sustancia no deseada que está presente en cualquier medio, impidiendo o perturbando la vida de los organismos y produciendo efectos nocivos a los materiales y al propio ambiente.
 a) Residuo.
 b) Vertido.
 c) Basura.
 d) Contaminante.
 e) Emisión.

3. Cómo se denomina el término que aparece por primera vez en el Informe Brundtland, también conocido como "el futuro de todos" (Comisión mundial para el desarrollo del medio ambiente de Naciones Unidas, 1987) y lo define como aquel desarrollo que satisface las necesidades del presente sin comprometer las necesidades de generaciones futuras:
 a) Desarrollo Insostenible.
 b) Equilibrio sostenible.
 c) Desarrollo sostenible.
 d) Equilibrio insostenible.
 e) Ninguna es correcta.

4. Cuál de los siguientes no corresponde a uno de los Efectos más perjudiciales del medio ambiente:
a) Efecto invierno
b) Agujero de ozono
c) Acidificación
d) Contaminación de los suelos
e) Ninguna es correcta

5. Cómo se denomina desechos producidos por las instalaciones industriales.
a) Escombros industriales
b) Desechos de factoría
c) Residuos industriales
d) Ninguna es correcta
e) Todas son correctas

6. Las zonas urbanas están sometidas a una amplia gama de contaminantes, alguno de los cuales pueden ser:
a) Fructíferos
b) Cancerígenos
c) Alucinógenos
d) Patógenos
e) Infecciosos

7. Entre las medidas existentes para frenar o reducir las emisiones de los diferentes agentes contaminantes se encuentran:
a) Ahorro energético. Merece prioridad dado su potencial de reducción del CO_2.
b) Repoblación forestal y eliminación de CFCs, etcétera.
c) El cambio de combustible fósil al gas natural o a las fuentes de energía alternativas o renovables.
d) Todas son correctas.
e) Ninguna es correcta.

8. ¿Cuál de los siguientes enunciados es correcto?
a) Las energías renovables son aquellas que no pueden obtenerse directamente de los ciclos naturales y todas ellas dependen, de alguna forma, de los ciclos solares.

b) Las energías renovables son aquellas que pueden obtenerse indirectamente de los ciclos naturales y todas ellas dependen, de alguna forma, de los ciclos solares.

c) Las energías renovables son aquellas que pueden obtenerse directamente de los ciclos naturales y todas ellas dependen, de alguna forma, de los ciclos solares.

d) Las energías renovables son aquellas que pueden obtenerse directamente de los ciclos naturales y todas ellas no dependen, de alguna forma, de los ciclos solares.

e) Las conductas renovables son aquellas que pueden obtenerse directamente de los ciclos naturales y todas ellas no dependen, de alguna forma, de los ciclos solares.

9. ¿Qué es el IDAE?
a) Instituto para la División y Ahorro de Energía.
b) Instituto para la Defensa del Ambiente Español.
c) Instituto de la Dirección Ambiental de Energía.
d) Instituto para la Diversificación y Ahorro de la Energía.
e) Ninguna es correcta.

10. ¿Cómo se denominan los equipos productores de Energía Eólica?
a) Aeropropulsores
b) Aeroeléctricos
c) Aerogeneradores
d) Aerodisipadores
e) Aeroturbinas

11. La captación de la energía solar puede ser:
a) Pasiva, térmica o fotovoltaica
b) Pasiva, cálida, fotocelular
c) Activa, fría, fotoamperométrica
d) Activa, térmica, fotovoltaica
e) Todas son correctas

12. Señalar correctamente cuáles son los diferentes niveles relacionados con la normativa medioambiental:
a) Internacional, Europeo, Estatal, Autonómico.
b) Autonómico, Europeo, Estatal, Internacional.
c) Europeo, Internacional, Autonómico, Estatal.
d) Ninguna es correcta.
e) a y c son correctas

13. Como se denomina la entidad europea en la cual se puede obtener información normativa:
a) Agencia Europea de Ecología.
b) Agencia Europea de Medio Ambiente.
c) Agencia Europea del Ecosistema.
d) Agencia Europea de Desarrollo ambiental.
e) Agencia Europea de Ambiente

14. En Andalucía, la principal normativa de Protección Ambiental, que se ha desarrollado en diversos Reglamentos es la Ley Nº:
a) Ley 7/1994
b) Ley 5/1994
c) Ley 4/1995
d) Ley 2/1995
e) Ley 1/1992

15. ¿En cuántos reglamentos se ha desarrollado la Ley de Protección Ambiental de Andalucía?
a) Dos
b) Cinco
c) Cuatro
d) Uno
e) Tres

16. A qué principio, que rige la acción comunitaria UE, se refiere el siguiente enunciado: "La comprensión de los retos y amenazas a los que se encuentra expuesto el medio ambiente exige una política de información y comunicación que implique y comprometa a la sociedad".
a) Principio de evaluación.
b) Principio de Educación.
c) Principio de "quien contamina paga".

d) Principio de vinculación a los conocimientos técnicos.
e) Ninguna es correcta

17. El Departamento más importante de la Administración General del Estado en materia medioambiental creado por primera vez en la historia de la organización administrativa española en mayo de 1996 es:
a) Ministerio de Equilibrio ecológico.
b) Ministerio de Medio Ambiente.
c) Ministerio de Desarrollo ecológico.
d) Ministerio del Ecosistema.
e) Ministerio de Ecología

18. Cual/es definición/es corresponde/n a las Actitudes y Pautas de consumo sostenibles sociales
a) Uso racional del agua.
b) Gestión adecuada de los residuos generados.
c) Desarrollo de las ciudades.
d) a y b son correctas.
e) Ninguna es correcta

19. Qué entidad estatal elaboró la Estrategia Forestal Española y el posterior Plan donde se recogen aspectos de una política forestal sostenible marcando como importante la conservación y el uso sostenible de la diversidad biológica:
a) El Ministerio de Medio Ambiente
b) El Ministerio de Consumo
c) El Ministerio del Interior
d) El ministerio de la Madera
e) El Sindicato de Carpinteros

20. A través de la Estrategia se establece la necesidad de la información y conocimiento de la madera como recurso:
a) Intercambiable y canjeable
b) Potable y reciclable
c) Renovable y maleable
d) Renovable y reciclable
e) Ninguna es correcta

21. Qué entidades pueden otorgar Ecoetiquetas para la certificación de la madera:
   a) AENOR
   b) FSC
   c) PEFC
   d) Todas son correctas
   e) Ninguna es correcta

22. Al hablar de fábricas de transformación de la madera el residuo generado en mayor volumen es:
   a) La cola
   b) El barniz
   c) La sierra sinfín
   d) El aserrín
   e) El lustrado

23. Qué productos se consideran tóxicos y peligrosos en el ámbito de la carpintería:
   a) PVC
   b) Barnices
   c) Fungicidas
   d) Todas son correctas
   e) b y c son correctas

24. La mayor parte de los productos expulsados a la atmósfera son:
   a) Polvo
   b) Humo
   c) Gases
   d) Todas son correctas
   e) Ninguna es correcta

25. Qué porcentaje de empresas han adoptado medidas para reducir los ruidos (contaminación acústica) que se originan en su actividad:
   a) 1 %
   b) 90 %
   c) 4 %
   d) 2 %
   e) 10 %

SOLUCIONARIO

1. d) Todas son correctas.
2. c) Contaminante.
3. c) Desarrollo sostenible.
4. a) Efecto invierno
5. c) Residuos industriales
6. b) Cancerígenos
7. d) Todas son correctas.
8. c) Las energías renovables son aquellas que pueden obtenerse directamente de los ciclos naturales y todas ellas dependen, de alguna forma, de los ciclos solares.
9. d) Instituto para la Diversificación y Ahorro de la Energía.
10. c) Aerogeneradores
11. a) Pasiva, térmica o fotovoltaica
12. a) Internacional, Europeo, Estatal, Autonómico.
13. b) Agencia Europea de Medio Ambiente.
14. a) Ley 7/1994
15. c) Cuatro.
16. b) Principio de Educación.
17. b) Ministerio de Medio Ambiente.
18. d) a y b son correctas.
19. a) El Ministerio de Medio Ambiente
20. d) Renovable y reciclable
21. c) Todas son correctas
22. d) El aserrín
23. e) b y c son correctas
24. d) Todas son correctas
25. c) 4 %

ANEXO: Persianas. Tipos. Funcionamiento. Reparación.

Persianas

Una **persiana** es un elemento mecánico que se coloca en el exterior o interior de un balcón o ventana para proteger el edificio de la luz o el calor. Las persianas pueden fabricarse de diferentes materiales si bien el plástico PVC, el aluminio y la madera son los más populares por su ligereza y resistencia al deterioro. La persiana presenta un doble movimiento de apertura y cierre que se manifiesta por lo general en una acción de subida y bajada. El sistema más habitual consiste en enrollarla para recogerla en un tambor superior y desenrollarla para desplegarla. Para ello, la persiana se compone de listones que se pliegan o enrollan.

Los sistemas de persiana se usan en Europa desde hace 50 años, habiendo demostrado su utilidad en el aislamiento térmico, acústico y control solar, tanto en zonas frías como en cálidas. Su evolución hacia sistemas compactos redujo su tamaño y permitió su integración a los distintos sistemas de ventanas.

Es recomendable para zonas de ciclones, y para diferentes niveles de resistencia al viento.

Estas son algunas de las ventajas que el uso de persianas:

- Contribuye al aislamiento térmico y acústico de la vivienda
- Permite el control de entrada de luz solar hacia el interior
- Protege las ventanas y cristales de los huracanes
- Contribuye a la seguridad de cuidando el patrimonio

- Aumenta la durabilidad de muebles, suelos y cortinas evitando el acceso directo de la luz solar

Normativas de seguridad

Guia técnica n. 6. Para la instalación de persianas enrollables motorizadas y de puertas de Movimiento vertical Según la directiva maquina (98/37/ce) y normas en 12453 – en 12445

Según el Art. 1.2 de la Directiva Máquina (DM), por **MAQUINA** "se entiende un conjunto de piezas o de órganos, de los cuales por lo menos uno es móvil, conectados uno tras otro, mediante accionadores, con circuitos de mando y de potencia u otros sistemas de conexionado, unidos solidamente para una aplicación bien determinada, para la transformación, el tratamiento, el movimiento o el acondicionamiento de los materiales".

Con el término **PUERTA**, en este documento, "se entiende puerta, persiana y cancelas de varios tipos", entre ellos la Cancela Batiente que nos ocupa en esta guía técnica.

Con el término **CONSTRUCTOR o FABRICANTE** "se entiende aquel que fabrica la puerta motorizada (máquina) o bien aquel que motoriza una puerta manual pre-existente, o bien aquel que, poniendo la marca CE sobre la puerta motorizada asume la responsabilidad de la construcción de tal máquina".

La Comisión de la Unión Europea estableció que las puertas y cancelas motorizadas entren en el campo de la aplicación de la Directiva Maquina, por consiguiente el instalador que "motoriza" una puerta o cancela tiene las mismas obligaciones que el constructor de una máquina, y como tal debe:

-Establecer el fascículo técnico de acuerdo al Anexo V de la DM, conservándolo durante al menos diez años a partir de la fecha de construcción de la puerta motorizada para poder ser puesto a disposición de la autoridad nacional competente.

-Redactar la declaración CE de conformidad según el Anexo II-a de la DM.

-Poner la marca CE sobre la puerta motorizada según el punto 1.7.3 del Anexo I de la DM.

El fascículo técnico deberá contener los siguientes documentos:
-Diseño global de la puerta motorizada (presente en el manual de instalación).

-Esquema de conexionado eléctrico y circuitos de mando (presente en el manual de instalación).

-Análisis de los riesgos comprendiendo:

- Lista de requisitos esenciales previstos en el Anexo I de la DM.

- Lista de los riesgos presentes en la puerta motorizada y la descripción de las soluciones adoptadas.

-Los manuales de la instalación y mantenimiento de la motorización y de los componentes.

-Las instrucciones de uso y las advertencias generales para la seguridad (dar copia al usuario).

-El registro de mantenimiento de la puerta (dar una copia al usuario).

-Declaración CE de conformidad (dar copia al usuario).

-Cumplimentar la placa con el marcado CE y aplicarla sobre la puerta.

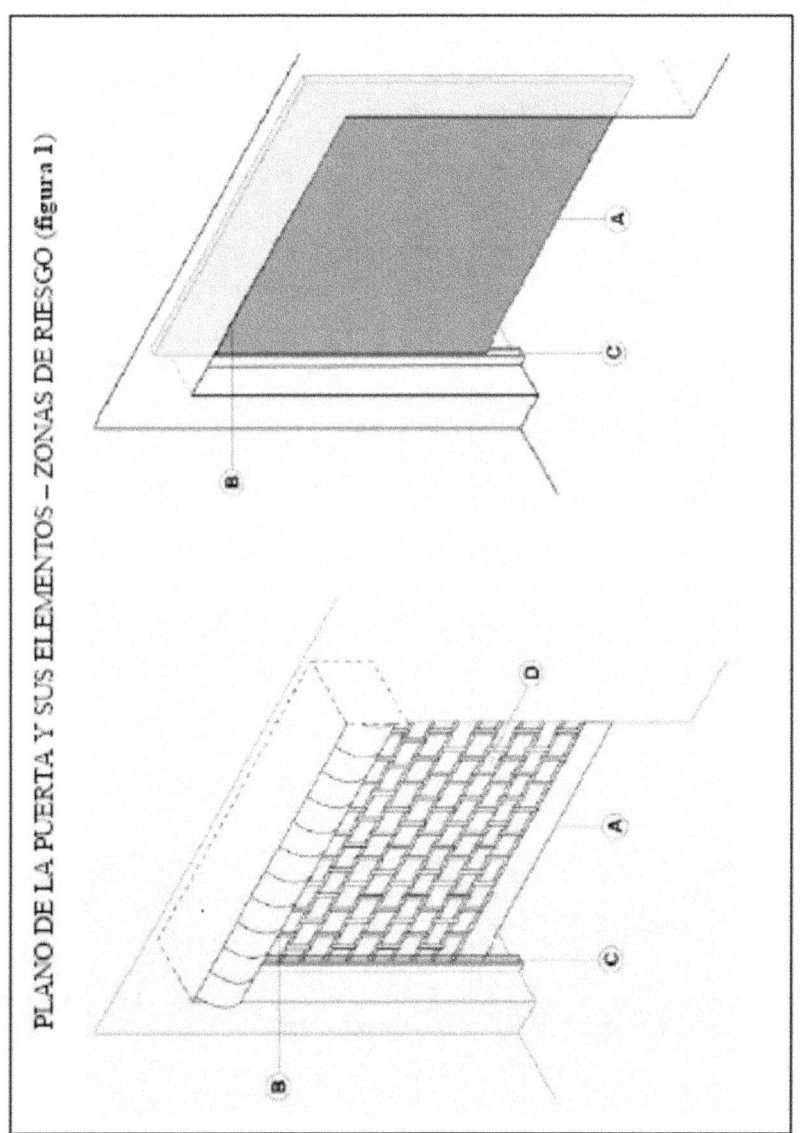

PLANO DE LA PUERTA Y SUS ELEMENTOS – ZONAS DE RIESGO (figura 1)

147

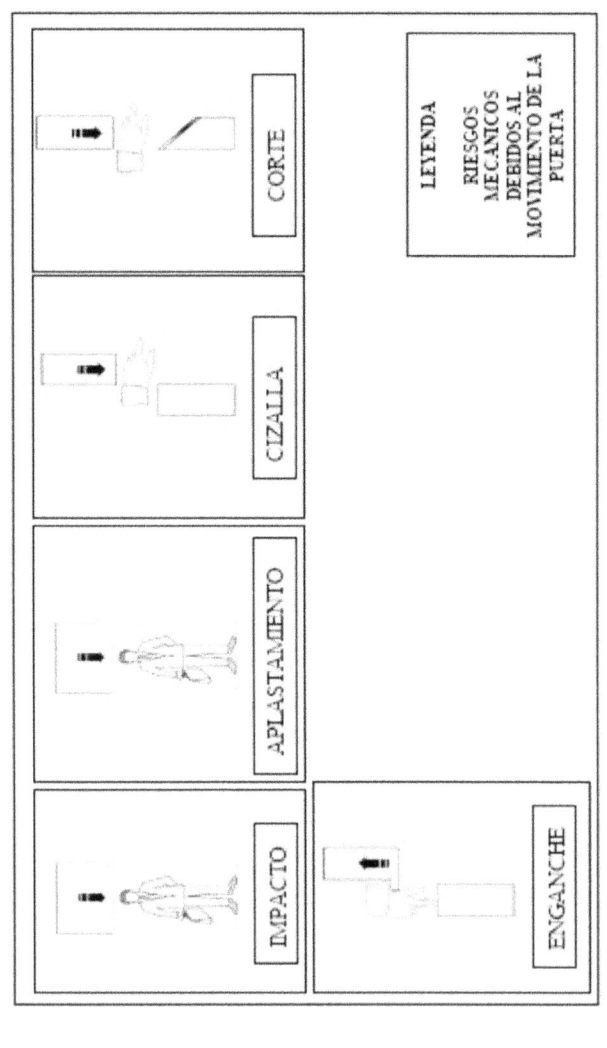

De conformidad con el punto 1.1.1 del Anexo I de la DM se entiende por:

- "Zonas peligrosas" cualquier zona en el interior y/o en proximidad de una máquina en la cual la presencia de una persona constituya un riesgo para la seguridad y/o la salud de dicha persona.

- "Persona expuesta", cualquier persona que se encuentre posicionada entera o parcialmente en una zona peligrosa

NIVEL MINIMO DE PROTECCION DEL LADO PRINCIPAL

Tipologia de los comandos de activacion	Tipologia de uso		
	Usuario informado (area privada)	usuario informado (area publica)	usuario no informado
Comando hombre presente	☐ Control con pulsador	☐ Control con pulsador a llave	☐ No es posible comando hombre presente
Comando a impulsos con puerta a la vista	☐ Limitacion de fuerza ☐ Detector presencia	☐ Limitacion de fuerza ☐ Detector presencia	☐ Limitacion de fuerza y fotocelula ☐ Detector presencia
Comando a impulsos con puerta no a la vista	☐ Limitacion de fuerza ☐ Detector presencia	☐ Limitacion de fuerza y fotocelula ☐ Detector presencia	☐ Limitacion de fuerza y fotocelula ☐ Detector presencia
Comando automatico (por ejemplo cierre temporizado)	☐ Limitacion de fuerza ☐ Detector presencia	☐ Limitacion de fuerza y fotocelula ☐ Detector presencia	☐ Limitacion de fuerza y fotocelula ☐ Detector presencia

GUIA PARA EL ANÁLISIS DE LOS RIESGOS DE LA PUERTA MOTORIZADA
DE CONFORMIDAD A LA DM 98/37/CE Y LA NORMATIVA EN 12453 – EN 12445

TIPOS DE RIESGO ANEXO I (Marcar los considerados) D M		CRITERIOS DE VALORACION- SOLUCIONES ADOPTADAS (Marcar la casilla correspondiente a la solucion adoptada)			
☐ Esfuerzo para los accionamientos manuales	1 1 2 1 3 7	☐ Verificado que los accionamientos manuales no necesitan un esfuerzo escesivo			
Riesgos mecanicos estructurales y de desgaste					
Perdida de estabilidad Caida de partes	1 3 1 1 3 2	☐ Verificada la solidez de la estructura presente (columnas, cierres y hojas) en relacion al peso y a la fuerza estipulados de la puerta en movimiento Seguir la fijacion de la puertade modo estable utilizando materiales adecuados			
		(Efectuar de ser necesario, el calculo estructural y añadirlo al Fasciculo tecnico)			
		☐ Verificado que la puerta esta dotada de sistema anticaida (independiente y redundante del sistema de suspension)			
Obstaculo	1 5 15	☐ Verificado que cualquier obstaculo mayor a 5mm, es visible, evidenciado y modelado			
Riesgos mecánicos debidos al movimiento de puerta	1 3 7	**ATENCION** si la puerta exclusivamente se abre/cierra via comando hombre presente (respetando norma EN 12453) no es necesaria proteccion de los puntos abajo indicados **ATENCION** si se instalan dispositivos de proteccion (conforme a norma EN12978) que impiden en cualquier circunstancia el contacto entre puerta en movimiento y la persona (fotocelulas, sensores de presencia,etc) no es necesario efectuar la medida de las fuerzas operativas			
Eleccion de las protecciones (indicar riesgo examinado en 2ª columna)	1 3 8 – 1 4	Zonas peligrosas (ref a la fig 1)	Riesgos examinados	Soluciones adoptadas	Solucione (indicar en 3ª columna)
		(mediciones y calculos segun anexo 3)			a) mandos tipo hombre presente
1 – Impacto	1 3 7				b) goma sensible
2 – Aplastamiento	1 3 7				c) fotocelula
3 – Cizalla	1 3 7				d) gomas de seguridad
4 – Arrastre	1 3 7				e) limitadores de fuerza
5 – Corte	1 3 7				f) moldeado de superficies
6 – Enganche	1 3 7				g) alfombra sensible
7 - otros	1 3 7				h) radar
					i) señalizador
					u) proteccion zonas peligrosas

Impacto y aplastamiento sobre el borde inferior de cierre (fig 1 riesgo A)

☐ Medida la fuerza de cierre (mediante el instrumento requerido en la norma EN 12445) segun indica la fig al lado Verificado que los valores obtenidos con los instrumentos son inferiores a los indicados en el grafico	
Efectuar las medidas en los siguientes puntos L = 200 mm del borde lateral y en el medio	
H = a 50 mm del suelo, a 300 mm de alto de la hoja y a la maxima altura menos 300 mm (max: 2500 mm) NOTA: repetido 3 veces en cada punto	
En el grafico se indican los valores maximos de la fuerza operativa dinamica, estatica y residual, en relacion a las diversas posiciones de la puerta	
Si los valores son superiores, instalar dispositivos de proteccion segun norma EN 12978 (ej: Banda sensible) y repetir medida	

REGISTRO DE MANTENIMIENTO

El presente registro de mantenimiento contiene los datos técnicos y los registros de la actividad de instalación, mantenimiento, reparación y modificaciones efectuadas, y deberá estar siempre disponible ante eventuales inspecciones de Organismos autorizados.

DATOS TECNICOS DE LA PUERTA / CANCELA MOTORIZADA Y DE LA INSTALACION

Cliente: _____

(nombre y dirección)

Persona de contacto: _____

Nombre y apellidos

N° de Orden: _____

Núm. y fecha de la orden del cliente

Modelo y descripción: _____

Tipología de la puerta / cancela

Dimensiones y peso: _____

Dimensiones del brazo de giro, dimensiones y peso de la hoja

N° de serie: _____

Núm. de identificación unívoco de la puerta / cancela

Localización: _____

Dirección de la instalación

LISTA DE COMPONENTES INSTALADOS

Las características técnicas y las prestaciones de los componentes debajo detallados están documentadas en sus manuales de instalación y/o en el etiquetado del mismo.

Motor/Grupo de accionamiento: _____

Modelo, tipo, núm. de serie

Cuadro electrónico: _____

Modelo, tipo, núm. de serie

Fotocélula: _____

Modelo, tipo, núm. de serie

Dispositivo de seguridad: _____

Modelo, tipo, núm. de serie

Dispositivo de comando: _____

Modelo, tipo, núm. de serie

Dispositivo radio: _____

Modelo, tipo, núm. de serie

Lámpara destellante: _____

Modelo, tipo, núm. de serie

Otros: _____

Modelo, tipo, núm. de serie

INDICACIONES DE LOS RIESGOS RESIDUALES Y DEL USO IMPROPIO PREVISIBLE

Informado mediante señalización aplicada sobre los puntos de riesgo del producto y/o mediante indicaciones escritas detalladas y explicadas al usuario de la puerta/cancela o a quien tiene su responsabilidad, acerca de los riesgos existentes y del uso impropio previsible.

Tipos

Existen una amplia variedad de persianas en el mercado. En este caso se tratarán solo algunas, las más utilizadas habitualmente. Existe un tipo de persiana que es muy similar a las cortinas que no se tratarán en este manual.

Se pueden clasificar básicamente:

Por el tipo de material de las lamas:
PVC
Aluminio
Madera
Hierro y acero
Tela

Por el tipo de Uso:
Comercial
Industrial
Vivienda

Por el tipo de mecanismo de funcionamiento:
Manuales:
A manivela
A correa, cinta o tirador
A cuerda
Doble accionamiento. Manual y automatizada

Automatizadas:

Motor eléctrico (con encendido manual)

Motor eléctrico (Automatizado – Domótica)

Por el tipo de Modelo:

Americana

Veneciana

Romana

Vertical

Horizontal

Enrollables

Plegables

Plisadas

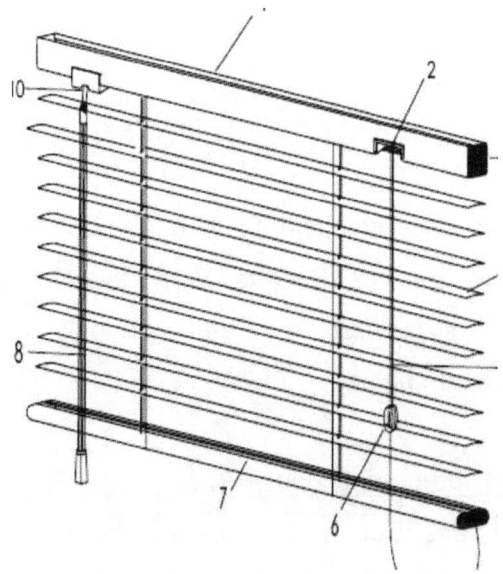

Persiana tipo americana. Plegable. Manual.

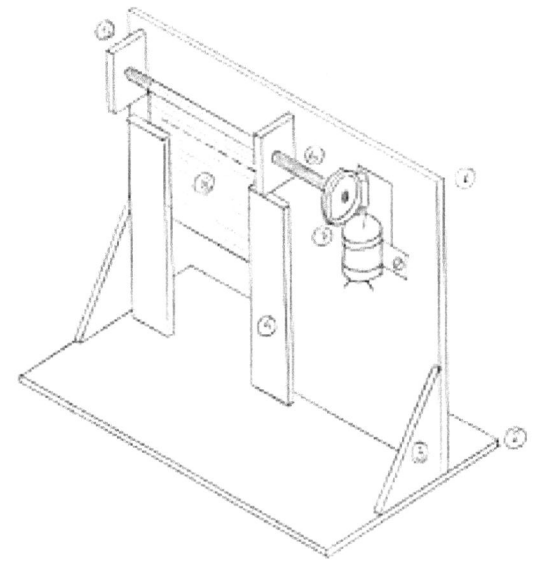

Persiana automatizada con motor

Funcionamiento

Para comprender su funcionamiento debemos conocer sus partes y componentes básicos. Aunque los modelos, materiales, estilos de fabricación, funcionamiento y usos varían, las persianas tienen una conformación básica.

Componentes de una persiana:

Eje de la persiana: Donde se enrollará la persiana. Generalmente es metálico.

Cajón: Donde se aloja el eje y la persiana enrollada

Lamas: Laminas o planchas. Del material correspondiente. Rígidas o flexibles.

Accionamiento: Es la función que enrolla y desenrolla la cortina. Motorizado.

Soportes de eje (2): Es donde se apoya el eje. Uno de cada lado.

Polea: Acoplada al eje se enrolla la cinta para enrollar y desenrollar.

Tapa de cajón: Es para no dejar a la vista la persiana.

Guías: Generalmente metálicas. Por ellas se desliza la persiana.

Recogecinta: Habitáculo de la cinta que enrolla y desenrolla la persiana. Manual o eléctrico

Los mecanismos más habituales para mover una persiana son:

- Mediante motor eléctrico

- Mediante una cinta que se agrupa en un recogedor inferior y otro superior. Es el sistema más habitual, este sistema puede estar motorizado en el cajetín inferior.

- Mediante manivela y tirador.

- Mediante cuerda que enrolla la persiana por su centro y se ata en un lateral de la ventana.

- Manual: Sistema de cinta o cuerda. En el gráfico se aprecia el mecanismo de subida y bajada.

Persiana de sistema manual
Manual: En el gráfico siguiente se aprecia una persiana especial.

El mecanismo de accionamiento es un Tirador, que se acciona hacia abajo y se coloca en el nivel de apertura que uno desea.

Luego al liberar la traba del tirador retorna automáticamente mediante un sistema de enrollado propio, producido por muelles laterales al eje:

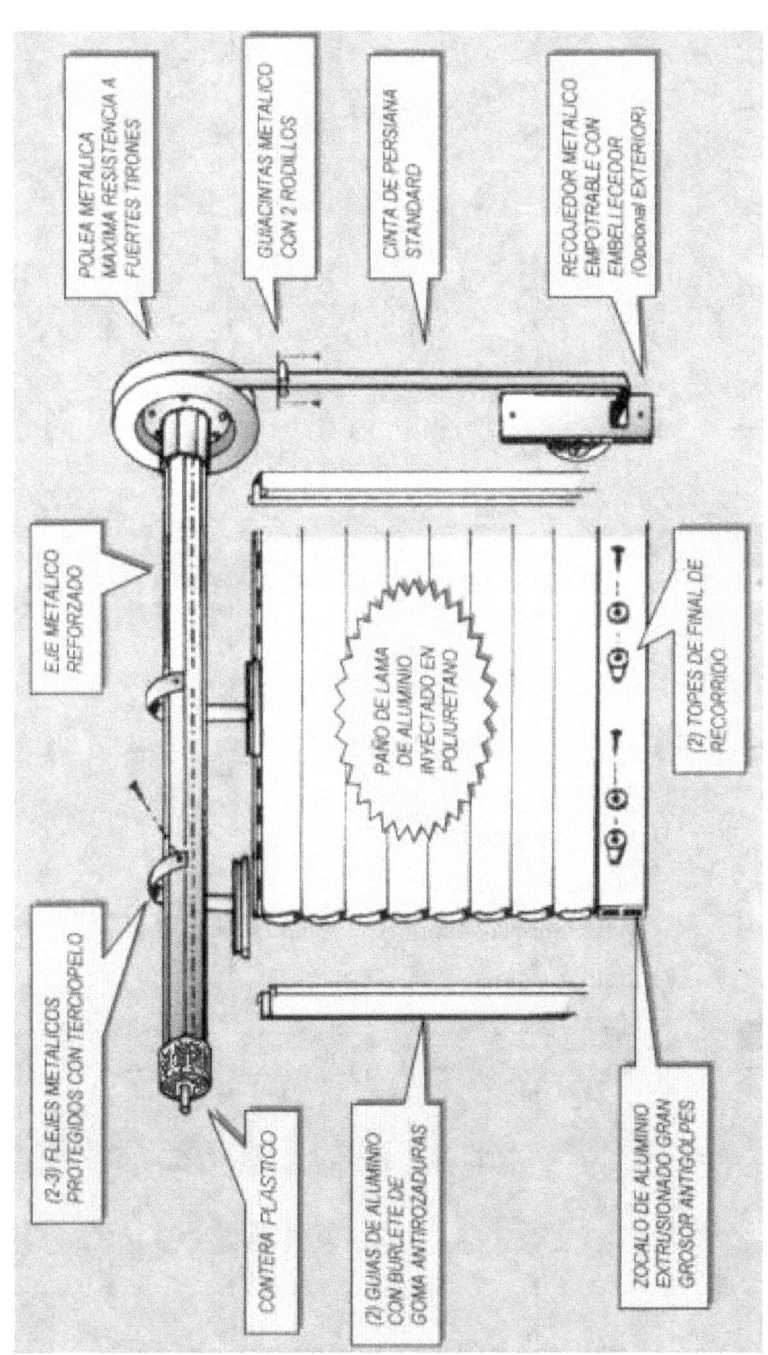

POLEA METALICA MAXIMA RESISTENCIA A FUERTES TIRONES

GUACINITAS METALICO CON 2 RODILLOS

CINTA DE PERSIANA STANDARD

RECOJEDOR METALICO EMPOTRABLE CON EMBELLECEDOR (Opcional EXTERIOR)

EJE METALICO REFORZADO

(2) TOPES DE FINAL DE RECORRIDO

PAÑO DE LAMA DE ALUMINIO INYECTADO EN POLIURETANO

(2-3) FLEJES METALICOS PROTEGIDOS CON TERCIOPELO

CONTERA PLASTICO

(2) GUIAS DE ALUMINIO CON BURLETE DE GOMA ANTIROZADURAS

ZOCALO DE ALUMINIO EXTRUSIONADO GRAN GROSOR ANTIGOLPES

157

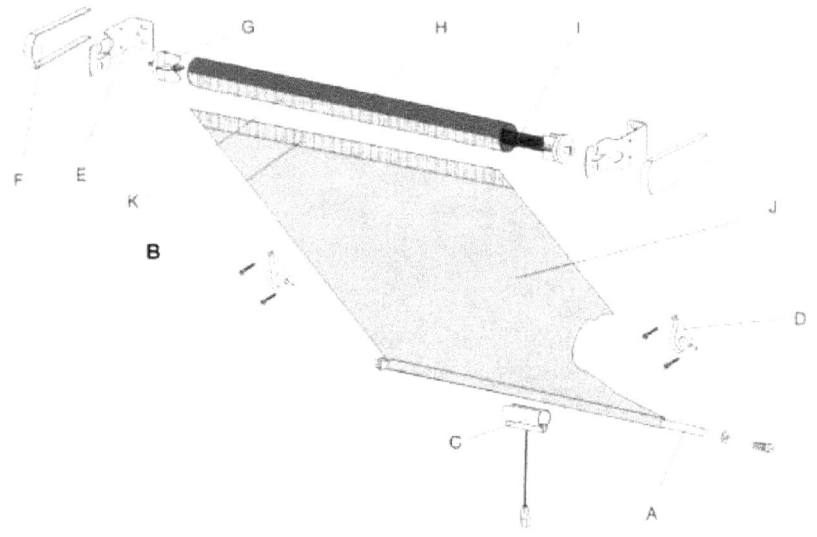

Persiana con tirador y muelles. Manual

A: Varilla fibra 4 mm.
B: Velcro 1 o cinta adhesiva americana.
C: Tirador.
D: Soportes tirador.
E: Soporte pared/techo.
F: Tapa embellecedora.
G: Contera lateral.
H: Eje Metálico.
I: Muelle estor.
J: Tejido.
K: Velcro 2 o cinta adhesiva americana

Motorizado

En el gráfico siguiente se aprecia una Persiana con motor. En este caso el accionamiento del enrollado y desenrollado de las lamas lo produce un motor accionado con interruptor o con mando. Es recomendable que el sistema eléctrico lo realice un técnico electricista especializado, como la elección del motor correspondiente, para calcular su potencia exacta. En este caso el tirador, cinta o elemento de accionamiento lo realiza el motor colocado en el eje de la persiana, y accionado con un interruptor manual. También se aprecia el cajón, la tapa del mismo, las guías y las lamas:

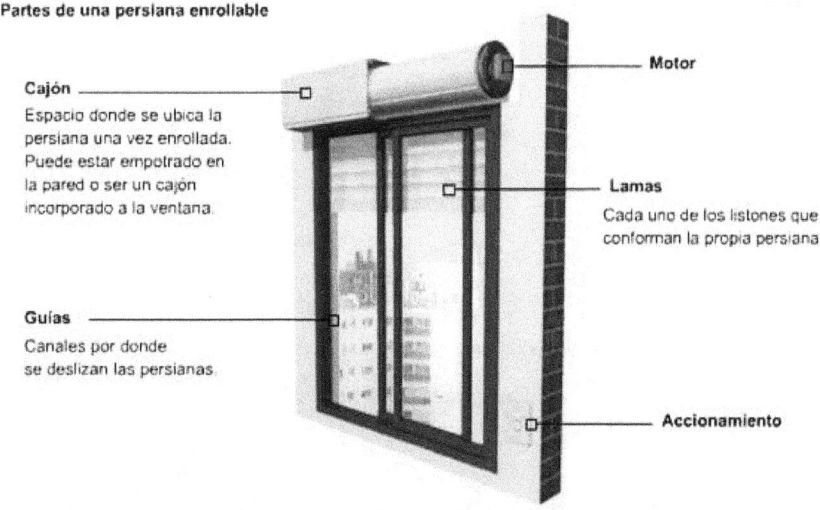

Partes de una persiana enrollable

Motor

Cajón
Espacio donde se ubica la persiana una vez enrollada. Puede estar empotrado en la pared o ser un cajón incorporado a la ventana.

Lamas
Cada uno de los listones que conforman la propia persiana.

Guías
Canales por donde se deslizan las persianas.

Accionamiento

Persiana accionada con motor eléctrico

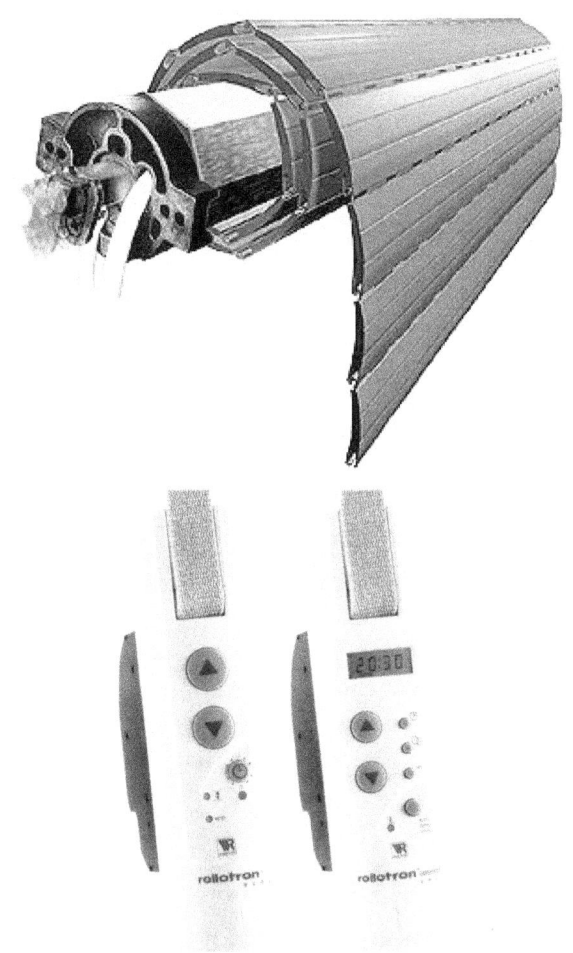

Detalle del eje y de la persiana enrollada en el mismo

Recogecinta eléctrico

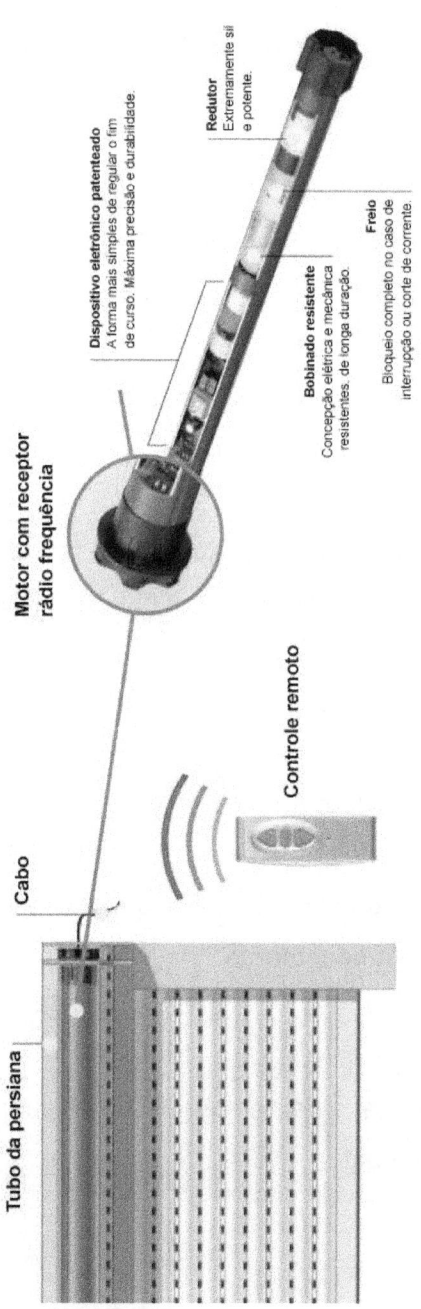

Motor com receptor rádio frequência

Dispositivo eletrônico patenteado
A forma mais simples de regular o fim de curso. Máxima precisão e durabilidade.

Redutor
Extremamente sil e potente.

Freio
Bloqueio completo no caso de interrupção ou corte de corrente.

Bobinado resistente
Concepção elétrica e mecânica resistentes, de longa duração.

Cabo

Controle remoto

Tubo da persiana

Detalle de un eje con motor incluido en el mismo. Con mando a distancia.

Funcionamiento e instalación de una persiana manual convertida a motorizada

Seguidamente se analizará el funcionamiento e instalación de una persiana manual para convertirla en motorizada.

Instalar un motor en las persianas manuales no es una tarea muy complicada, es necesario adaptar los mecanismos que ya tienes. Lo primero es averiguar el **diámetro** del eje de la persiana que quieras motorizar. Sólo existen dos tamaños estándar: 40 y 60 milímetros.

El otro dato que es el **peso**, que se puede calcular, conociendo el tamaño y el material, a partir de la siguiente tabla:

- PVC.... 5 Kg./m2
- Aluminio.... 5 Kg./m2
- Acero.... 13 Kg./m2
- Madera.... 12 Kg./m2

Dependiendo de estos dos datos, elegiremos un motor capaz de acoplarse y levantar la persiana. En la red se encuentran muchas empresas de venta de motores.

Paso a paso

1. Se saca la persiana del tambor. Si hay alguna lama rota es el momento de cambiarla.

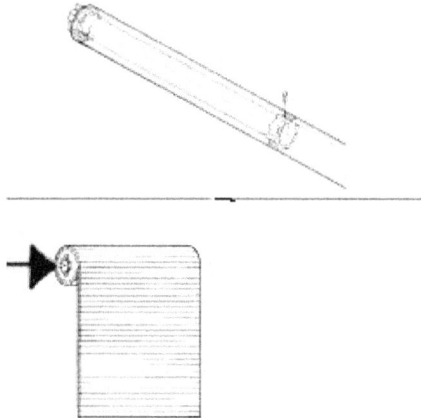

2. Introducir el motor en el eje enrrollador y fijarlo. Colocar correctamente los cables de conexión eléctrica y de alimentación que acompañan al motor.

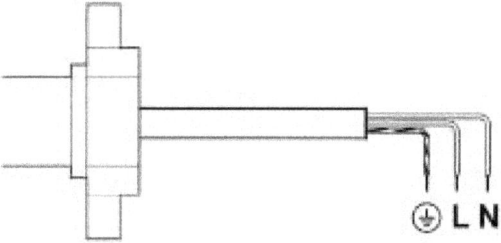

3. Introducir de nuevo la persiana en el tambor, atornillarlo a la caja para fijarlo y cerrar la tapa.

4. Realizar las conexiones eléctricas sacando los cables desde la caja eléctrica. Dependiendo del motor que se haya elegido y de sus características se tendrá que fijar topes, para que el motor pare cuando la persiana haya subido o bajado del todo.

Reparación

Herramientas para reparar e instalar persianas

DESTORNILLADOR :
Un modelo con cabezas intercámbiales de modo que sirva para todo tipo de tornillos.

CINTA MÉTRICA :
Un modelo con botón de bloqueo y retroceso automático resulta muy interesante.

MINISIERRA PARA METALES :
Para serrar piezas pequeñas la minisierra para metales resulta más cómoda que la grande.

CORTADOR UNIVERSAL :
Gracias a las hojas de usar y tirar, dispone siempre de un instrumento bien afilado.

CORTALÁMINAS :
El cortaláminas especial le permite acortar las láminas de las persianas sin dañar su forma curvada.

PUNZÓN :
Para las maderas relativamente suaves basta un punzón para hacer un aquiero preliminar para los tornillos.

BARRENA :
Suele constar de una pieza de metal.

NIVEL DE AGUA :
Un modelo con doble indicación puede utilizarse tanto horizontal como verticalmente.

LIMA :
La lima media redonda ofrece más posibilidades que los modelos redondos o planos.

ESCUADRA :
Resulta necesario utilizar la escuadra para trazar ángulos derechos

Instalación de una persiana veneciana

FUNCIONAMIENTO :
Las persianas venecianas están dotadas de un mecanismo que permite regular la altura y la orientación de sus láminas. Estas láminas horizontales son de aluminio, de plástico o de madera. Pueden acortarse procediendo de manera simétrica

VENTAJAS :
Las persianas de este tipo ofrecen un aislamiento extremadamente eficaz. En invierno las láminas (con el lado cóncavo visible) devuelven el calor al interior de la habitación. En verano las láminas (con el lado abombado visible) desvían el aire caliente hacia arriba.

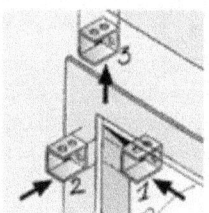

INSTALACIÓN :
Las persianas venecianas deben reposar en soportes laterales. Estos pueden ir fijados en el lado interior del marco (1), en el marco mismo (2) o por encima del marco (3). Haga unos agujeros preliminares (con el punzón o la barrena) de modo que resulte más fácil apretar los tornillos de los soportes.

MEDIDA :
Una vez fijados los soportes mida la distancia exacta entre ambos. Indique esta distancia también en el listón superior e inferior suministrados con la persiana.

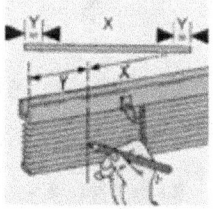

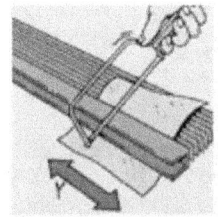

LISTONES PARA PERSIANAS DE ALUMINIO :
Recorte el listón superior e inferior de manera idéntica. Proteja las láminas de aluminio por ejemplo con un cacho de cartón. Quite también el bloqueo y vuelva a ponerlo cuando haya terminado de serrar.

ACORTAR LAS LÁMINAS :
Cuelque la persiana provisionalmente y trace la nueva anchura en la lámina de abajo. A continuación recórtela, a ser posible con el cortaláminas especial. Haga lo mismo con las otras láminas. Utilice la parte cortada de la lámina anterior para trazar la línea de corte en la lámina siguiente.

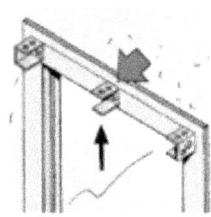

SOPORTE SUPLEMENTARIO :

A veces puede resultar necesario el uso de un soporte suplementario. Procure no instalarlo justo encima de la cuerda. A continuación podrá colgar la persiana y cerrar los soportes. En caso de necesidad pegue la cinta adhesiva en el listón superior sobre el cual fija a continuación el listón de acabado.

DIMENSIONES :

Si la persiana resulta demasiado larga, quite los bloqueos del listón inferior y corte la cuerda. Quite el listón para poder sacar las láminas superfluas, después vuelva a poner el listón, la cuerda y los bloqueos asegurándose de que la cuerda está bien fijada. Corte lo que sobre de la cuerda.

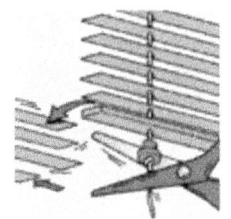

VARILLA DE ORIENTACIÓN :

Fije la varilla de orientación en el acoplamiento. Procure enganchar bien el gancho de la varilla en el mecanismo.

LIMPIEZA :

Claro está que hay que quitarles el polvo regularmente a las láminas, tanto del lado superior como del lado inferior. Utilice a este fin un plumero que les quita el polvo a varias láminas al mismo tiempo.

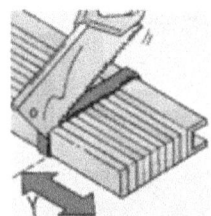

LÁMINAS DE MADERA :

Fije la persiana sólidamente en posición cerrada, por ejemplo con cinta adhesiva. Pegue una tira de cinta adhesiva a lo largo de la línea de corte y sierre los listones (superior e inferior) y las láminas siguiendo esta línea. Acaba con la lima. Sierre también el marco de acabado en la misma anchura.

Instalación de una persiana enrollable

FUNCIONAMIENTO :
Como lo dice su nombre estas persianas se enrollan en una barra (de aluminio) apoyada en soportes. El mecanismo de enrollar permite ajustar la altura de la tela en función de la luz deseada. Ciertos tipos de tela ofrecen una oscuridad total.

VENTAJAS :
Estas persianas existen en diversos materiales : vinilo (locales húmedos), algodón o la calidad denominada "iso". Esta se caracteriza por un lado delantero de algodón decorativo y un lado trasero aislante de aluminio que puede evitar hasta un 70% de la pérdida de calor a través del cristal de las ventanas. Además protege del sol (en verano).

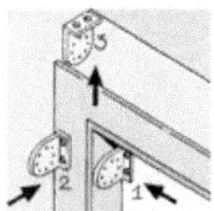

SOPORTES :
Los soportes de la persiana enrollable pueden ir fijados en tres sitios distintos : en el lado interior del marco (1), en el marco mismo (2) o "en suspensión" (3) en el techo. Haga unos aqujeros preliminares con el punzón o mejor con la barrena de modo que resulte más fácil apretar los tornillos de los soportes.

MECANISMO + BARRA ENROLLADORA :
Una vez fijados los soportes, podrá instalar los soportes del mecanismo y de la barra enrolladora. Usted elegirá el lado de la cuerda, a la derecha o la izquierda de la persiana. Mida la distancia entre los soportes a fin de determinar la longitud precisa de la barra enrolladora.

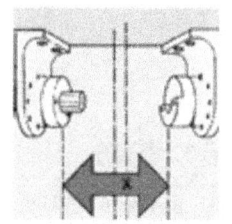

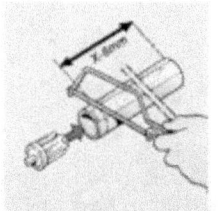

BARRA ENROLLADORA :
Si debe acortarla deduzca 8 mm de la distancia medida. Indique la distancia obtenida en la barra y siérrela con la minisierra para metales. Fije le tapón en el extremo cortado de la barra : de esta manera podrá fijarla en el soporte.

CORTAR EL LISTÓN :
El listón inferior que se introduce en la parte trasera inferior que se introduce en la parte trasera inferior de la tela debe cortarse según la medida indicada por el fabricante (con la minisierra).

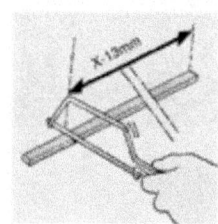

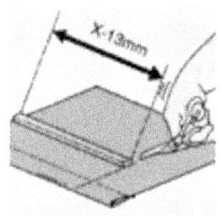

RECORTAR LA PERSIANA :

Trace en la tela la anchura deseada con la ayuda del listón cortado anteriormente. Corte a continuación la persiana en la dimensión correcta con las tijeras o el cortador universal.

FIJACIÓN DE LA TELA :

Quite la película protectora de la cinta adhesiva y enrolle la barra. De esta manera queda pegada la cortina. Si la tela no queda bien derecha, despéguela cuidadosamente antes de volver a apretarla. Enrolle la persiana en 2/3. Introduzca el listón en la abertura especial en la parte inferior de la persiana.

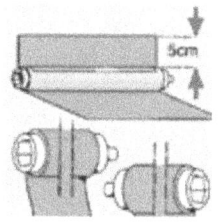

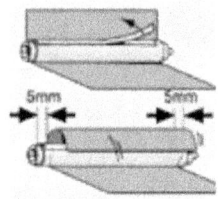

MECANISMO :

Introduzca el extremo hexagonal en la abertura correspondiente de la barra enrolladora y el extremo redondo en el soporte de la barra. El mecanismo enrollador está listo para utilizarlo

MECANISMO :

Encaixe a ponta hexagonal na abertura correspondente da barra e a ponta redonda no suporte da barra. O mecanismo de enrolamento está agora pronto a utilizar.

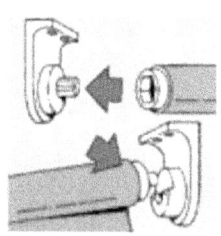

BUHARDILLA O VENTANA ABATIBLE :

Existen persianas especiales para buhardillas y ventanas abatibles. Elija su persiana en función de la marca de su buhardilla.

Instalación de una persiana con lamas verticales

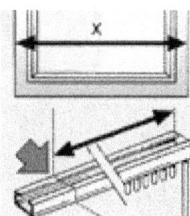

RIEL :
El sistema de suspensión de las láminas verticales es distinto del de las persianas enrollables puesto que se trata de un riel y no de una barra enrollable. Indique la longitud deseada en el riel partiendo del lado de las cuerdas. (Utilice una escuadra y un lápiz).

SERRAR EL RIEL :
Suelte el bloqueo y deslícelo hacia dentro hasta detrás de la línea e corte trazada con el lápiz. Tire de la cuerda y apriete la tuerca del bloqueo. Divida las anillas corredizas a distancias iguales sobre la longitud utilizada (hasta el bloqueo). Sierre en la línea de corte, luego lime los bordes.

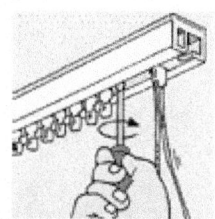

ANILLAS CORREDIZAS :
Suprime una anilla por cada 10 cm de riel que quite. Deslice las anillas superfluas hasta detrás del bloqueo (que levantará cuidadosamente con un destornillador). Fije la primera anilla necesaria mediante el bloqueo.

FIJAR EL RIEL :
Mantenga el riel en la altura deseada (piense en la posición de la cuerda : a la derecha o la izquierda). Indique el sitio de los tornillos y taladre los agujeros (utilice eventualmente tacos). Fije el riel en su sitio procurando que la cabeza de los tornillos no sobresalga en el interior del riel.

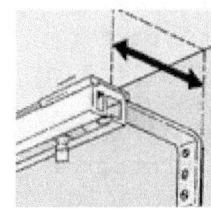

SOPORTES DE DISTANCIAMIENTO :
Soportes especiales vendidos separadamente permiten colgar el riel a una cierta distancia del marco (hasta 25 cm) y claro está a cualquier altura. Estos accesorios deben utilizarse si resulta imposible fijar el riel en el techo.

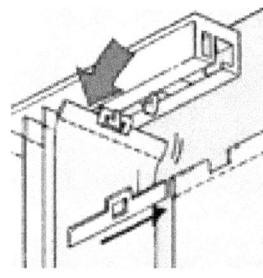

FIJAR LAS LÁMINAS :

Se han previsto barritas metálicas especiales para fijar la láminas de tela en el riel. Introdúzcalas primero en el repliegue cosido en la parte superior de cada lámina antes de colgarlas del riel.

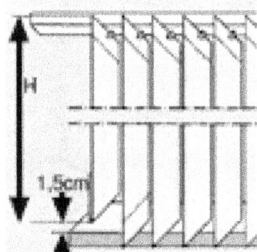

LONGITUD DE LAS LÁMINAS :

Tome la primera lámina; para marcar la longitud deseada, doble la parte inferior a la altura deseada. Procure dejar una distancia de 1,5 cm entre las láminas y el alféizar, el suelo o el radiador. Aumente la longitud obtenida de 9 cm. Corte la tela que sobre.

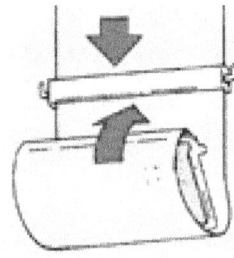

PIEZA CORREDORA CON GANCHITOS :

Deslice la pieza corredora con ganchitos (orientados hacia arriba) sobre la parte inferior de la lámina. Introduzca 3 cm de tela en la rendija de la pesa de metal y pliegue después todo dos veces hacia arriba de modo que la tela cubra completamente la pesa. Fije finalmente la pesa y la tela deslizando la pieza corredora por encima de las mismas.

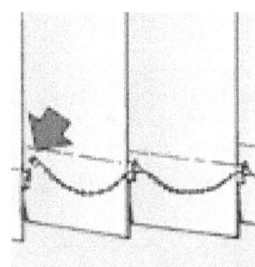

CUERDAS :

Cada cuerda está prevista para conectar entre sí 6 láminas de las cuales la última lleva también la primera anilla de la curda siguiente. Corte en caso de necesidad la parte que sobre de la última cuerda. Pasarán algunos días antes de que las láminas "caigan" bien.

Conservación y mantenimiento de persianas

Las ventanas forman parte de lo que se denomina técnicamente "carpintería exterior", que engloba todos los elementos de carpintería que se colocan en los huecos de la fachada. Para favorecer la renovación del aire, la vivienda debe ventilarse periódicamente mediante la apertura de las ventanas. Deben evitarse los cierres violentos que puedan dañar la carpintería y los herrajes.

Conservación y mantenimiento

Es muy importante limpiar periódicamente la acumulación de suciedad que pueda obstruir los orificios de desagüe existentes en la parte inferior del marco de las ventanas. Deben limpiarse también los carriles de las ventanas correderas. No se modificará la carpintería ni se colocarán acondicionadores de aire sujetos a la misma, sin que esta operación sea previamente aprobada por un técnico competente.

Cada cinco años o antes si se aprecia falta de estanqueidad, roturas o mal funcionamiento, se debe inspeccionar la carpintería, reparando los posibles defectos. Los herrajes deben lubricarse anualmente.

Para la limpieza normal de la carpintería de aluminio o PVC, se emplearán balletas suaves o esponjas que no rayen la superficie y agua con jabón o detergentes neutros diluidos en agua; nunca productos abrasivos. Después se enjuaga con agua limpia y se seca con un paño para evitar que el detergente afecte a la carpintería.

Se revisa cada 10 años el estado de la masilla, silicona o cordón de neopreno de sellado, sustituyéndolos en caso de pérdida de estanqueidad.

Para la limpieza de los vidrios se recomienda evitar el uso de productos abrasivos. Evite accionar las persianas bruscamente; nunca las deje caer de golpe, pues pueden producir roturas en las láminas o descolgar el eje de las mismas.

Cada tres años se realizará una revisión de las persianas, reparando los defectos que puedan detectarse. Para su limpieza se recomienda utilizar una balleta suave con una solución de detergente neutro, aclarando con agua. Nunca utilizar productos abrasivos.

Reparación de cintas de persianas

Las cintas de las persianas, aunque son sumamente resistentes, es la parte de la persiana que está sometida a grandes esfuerzos y rozamientos, por lo que, con el uso, pueden llegar a deformarse o romperse Es preferible sustituir las cintas cuando estén deshilachadas o corran un cierto peligro de rasgarse a esperar a que se produzca un mal funcionamiento o su rotura para cambiarlas.

Si una cinta llega a romperse, en el mejor de los casos, tan sólo nos proporcionará un buen susto, pero la mayoría de las veces provocará el deterioro de alguna lama, la salida de la persiana de los raíles por los que discurre o, simplemente, la incomodidad de quedarnos con la persiana bloqueada hasta que sea reparada.

Por estos motivos recomendamos la observación directa de la cinta, observándola que discurre correctamente a lo largo de las guías mientras se abre o cierra la persiana. Se deberá sustituir cuando este deshilachada o presente ondulaciones, síntoma inequívoco de que el peso de la persiana ha terminado por ceder la cinta.

En el segundo caso, aunque no conlleve un peligro de rotura de la cinta, nos puede ocurrir que ésta se nos salga de la polea y se nos enrolle sobre el rodillo, quedando trabada en el recogedor con lo cual no podremos ni abrir ni cerrar la persiana.

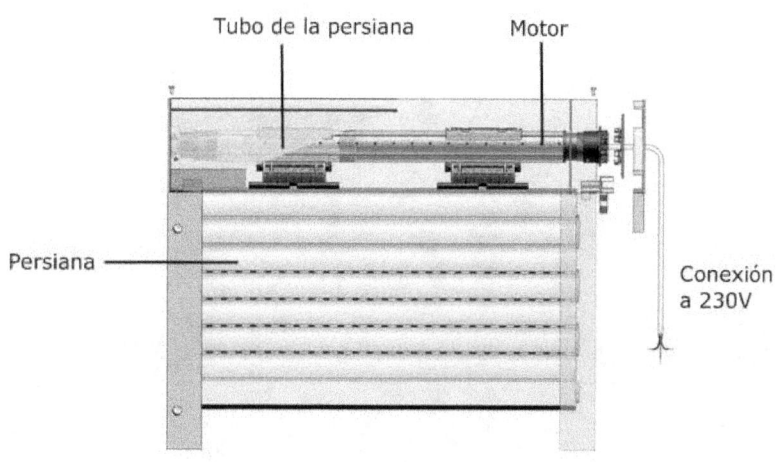

Detalle persiana con motor

AUTOEVALUACIÓN

ANEXO. Persianas. Tipos. Funcionamiento. Reparación

1. **Una persiana es un elemento que se coloca en una ventana o balcón del lado externo o interno, para protegernos de:**
   a) La sombra
   b) La Radiación
   c) El calor
   d) Todas son correctas
   e) Ninguna es correcta

2. **¿De cuántos materiales pueden fabricarse las persianas?**
   a) De ninguno
   b) De uno solo
   c) De dos
   d) De varios
   e) Ninguna es correcta

3. **La persiana presenta un doble movimiento de apertura y cierre que se manifiesta por lo general en una acción de:**
   a) Salida y entrada
   b) Caída y levante
   c) Subida y bajada
   d) Horizontal y vertical
   e) Lineal y circular

4. **Ventajas del uso de las persianas. Señalar la incorrecta:**
   a) Contribuye al aislamiento térmico y acústico de la vivienda
   b) Protege de agresiones externas
   c) Permite el control de entrada de luz solar hacia el interior
   d) Ninguna es correcta
   e) a y c son correctas

5. **¿Qué número de Guía Técnica refiere a la seguridad en las persianas motorizadas?**
   a) N° 1
   b) N° 3
   c) N° 5
   d) N° 2
   e) N° 6

6. ¿Cuál de los siguientes corresponde a riesgos mecánicos debido al movimiento de la persiana o puerta?
    a) Aplastamiento
    b) Impacto
    c) Corte
    d) Todas son correctas
    e) Ninguna es correcta

7. En el registro de mantenimiento, de la guía técnica de seguridad para persianas motorizadas, ¿qué datos se deben recabar para el registro y control?
    a) Históricos
    b) Básicos
    c) Técnicos
    d) De archivo
    e) Ninguna es correcta

8. ¿Por qué causa se pueden clasificar los tipos de persianas?
    a) Por el tipo de uso
    b) Por el tipo de tamaño
    c) Por el tipo de color
    d) Por el tipo de forma
    e) Por el peso

9. En el caso de Tipos por el tipo de funcionamiento, cuál es correcta:
    a) Doble accionamiento. Manual y motor eléctrico
    b) Motor a explosión
    c) Nuclear
    d) Hidráulico
    e) Neumático

10. Cuál no corresponde al tipo de material:
    a) Madera
    b) Aluminio
    c) PVC
    d) Cristal
    e) Hierro

11. ¿Cuál de los siguientes no corresponde a partes y componentes de una persiana?
   a) Celosía
   b) Lamas
   c) Eje
   d) Polea
   e) Recoge – cinta

12. ¿Cómo se denomina el lugar donde se aloja el eje y la persiana enrollada?
   a) Cueva
   b) Bóveda
   c) Cajón
   d) Nicho
   e) Ninguna es correcta

13. En el sistema manual de persianas, ¿qué elemento o elementos no accionan el sistema de subida y bajada de la persiana?
   a) Tanza
   b) Cuerda
   c) Tirador
   d) Cinta
   e) Ninguna es correcta

14. ¿Qué proceso producen las lamas sobre el eje de la persiana al accionarse el recogedor de cinta?
   a) Planchado
   b) Alisado
   c) Enrollado
   d) Plisado
   e) Ninguna es correcta

15. En el sistema motorizado, el motor de la persiana está colocado en:
   a) El recogecinta
   b) Las guías
   c) Las lamas
   d) El eje
   e) El marco de la ventana

16. ¿Con qué elemento se puede accionar el motor de la persiana?

a) Mando a distancia
b) Temperatura
c) Interruptor
d) Ninguna es correcta
e) a y c son correctas

17. Al instalar una persiana con lamas metálicas o de PVC, ¿qué herramienta es necesaria para cortar las mismas para encajarlas en las guías?

a) Motosierra
b) Cortafierros
c) Cortapersianas
d) Cortaláminas
e) Ninguna es correcta

18. Para nivelar la colocación apropiada del eje de la persiana con respecto al suelo o la edificación, ¿qué herramienta se debe utilizar?

a) Escuadra
b) Escalímetro
c) Compás
d) Nivel de agua
e) Topógrafo

19. ¿Qué productos no se debe utilizar para la limpieza de las persianas?

a) Detergente neutro
b) Agua
c) Abrasivos
d) Aire a presión
e) Ninguna es correcta

20. En las persianas manuales, ¿qué elemento sufre un mayor desgaste por el uso?

a) Las lamas
b) Las guías
c) Las cintas
d) El eje
e) La polea

SOLUCIONARIO

1. c) El calor
2. d) De varios
3. c) Subida y bajada
4. e) a y c son correctas
5. e) N° 6
6. d) Todas son correctas
7. c) Técnicos
8. a) Por el tipo de uso
9. a) Doble accionamiento. Manual y motor eléctrico
10. d) Cristal
11. a) Celosía
12. c) Cajón
13. a) Tanza
14. c) Enrollado
15. d) El eje
16. e) a y c son correctas
17. d) Cortaláminas
18. d) Nivel de agua
19. c) Abrasivos
20. c) Las cintas

Primera edición
2015
CE